図説 日本の樹木

鈴木和夫・福田健二 編著

朝倉書店

執　筆　者

梶　　幹　男	東京大学名誉教授
勝　木　俊　雄	森林総合研究所
木　佐　貫　博　光	三重大学大学院生物資源学研究科
白　石　　　進	九州大学大学院農学研究院
鈴　木　和　夫*	前 森林総合研究所/東京大学名誉教授
奈　良　一　秀	東京大学大学院新領域創成科学研究科
福　田　健　二*	東京大学大学院新領域創成科学研究科

(* は編著者/五十音順)

『日本の樹木』の上梓にあたって

　わが国最初の森林樹木図鑑『日本森林樹木図譜』（農商務省，明治32年）が世に出されたのは，わが国が近代国家となって森林法が公布（明治30年）されてからすぐのことでした．当初は150種の樹木を取り上げましたが，10年後には320種となりました．「知るは楽しみなり」とはいえ，300種余の樹木を知ることは簡単なことではありません．わが国に自生する樹木は1000種を超えますが，人々の関わりの深いこれらの樹木を知ることは，わが国の森林樹木の文化をも垣間見ることになります．2011年は国際連合が決議した国際森林年です．この国際年を契機に，人々との関わりに目線を置いた，グローバルでローカルなわが国の森林樹木をとりまとめました．

　四半世紀前の1985年も国際森林年でした．当時は，地球上の過半の森林資源が存在する熱帯雨林の消失やヨーロッパでの森林衰退が世界的に大きな問題とされて，森林樹木への社会的な関心が著しく高まりました．そして，2000年の国連ミレニアム宣言では，基本的価値の一つに自然の尊重が掲げられました．2011年3月11日，東日本大震災を目の当たりにして，人々の営みと自然との共生が，21世紀社会の最大の課題であることが浮き彫りとなりました．

　地球は，46億年前に宇宙に誕生しました．地球上の生命は三十数億年前に海の中に生まれ，その後長い年月をかけて海中から陸上に移り，古生代には陸上に初めて木生シダからなる大森林を造り上げました．この森林資源が今日の人々の生活に不可欠な化石燃料として地中に蓄えられたのでした．そして，今から数百万年前に初めて人類がアフリカ大陸に登場したのです．人が生きるにはまず食糧が必要です．この食糧とは生物資源（バイオマス）です．そして，何と，その9割は森林に存在するのです．このように，森林樹木は人が生きていくためにはなくてはならない存在であり，2001年には日本学術会議の答申「地球環境・人間生活に係わる森林の多面的な機能の評価」が国民の俎上にのぼりました．この答申では，森林樹木の価値のなかで，市場では取引されない外部経済（市場外経済）効果の評価が問題となったのです．貨幣価値では計れなかった，目に見えない価値についての評価です．

　このような思いがあって，専門の人々のみならず，いま初めて森林樹木に関心を抱き始めた人びとへの誘いとして，わが国の森林樹木を『日本の樹木』としてとりまとめました．私たちが樹木を知る最も身近な概念は，松，桜，椿などといった属（genus）の概念です．そこで，世界で親しまれている樹木55属を目処に解説し，人々の生活と関わりの深いわが国の樹木100種（species）を取り上げました．そして，これらの上位の概念である科（family）について例示しました．わかりやすさと親しみやすさを念頭に本書では10

科 55 属 100 種の樹木を取り上げました．これらの樹木を知ることでわが国の森林樹木，そして世界の樹木に思いが及ぶことを願って，平易でストーリー性のある内容の記述に努めたつもりです．本文中に「＊」を付した語句については，190〜191 ページの用語解説に説明を加えました．また，写真の充実を図るため執筆者以外の方々にも提供していただきました．

さらに，森林の営みは菌類と密接に関係し，とくにほとんどの樹木は菌根菌と共生しています．我々が日頃目に触れる菌類 10 種余をキノコ・菌類の分類とともに，森林樹木の営みと関連づけて紹介しました．植物の分類については，現在 DNA 情報をもとにした新しい分類体系が広まりつつありますが，新しい体系に対応するのは時間がかかりそうです．本書では『日本の野生植物　木本』（平凡社，1989 年）の分類に概ね従いました．

わが国の誇るべき天然林などが逐次伐採されつつあった高度経済成長期の頃に『原色日本の林相』（地球出版，1966 年）が刊行されて，国民共有の財産ともいうべき森林樹木の姿を記録にとどめました．本書では，国際森林年のテーマである森林に親しむという誘いとなることを願ってやみません．

2012 年 1 月

編者を代表して　鈴木和夫

目　次

日本の樹木　総論

日本の樹木と森林 ………………………………………………………… 2
　　汎針広混交林とその樹木 ………………………………………… 4
　　冷温帯林とその樹木 ……………………………………………… 5
　　暖温帯林・亜熱帯林とその樹木 ………………………………… 5
植物の分類 ………………………………………………………………… 7
　　樹木の形態的特徴と見分け方 …………………………………… 8
キノコ・菌類の分類 ……………………………………………………… 10
　　キノコと樹木 ……………………………………………………… 12
　　キノコの特徴と見分け方 ………………………………………… 14

日本の樹木　各論
（種一覧）

[裸子植物]

イチョウ　18　　カラマツ　26　　アカマツ　28　　クロマツ　28　　ハイマツ　28　　モミ　30　　シラビソ（シラベ）　32　　トドマツ　32　　エゾマツ　34　　ツガ　36　　トガサワラ　38　　スギ　40　　コウヤマキ　42　　ヒノキ　46　　サワラ　48　　ネズコ　48　　ビャクシン　48　　アスナロ　50　　イヌマキ　53　　イチイ　54　　カヤ　55

[被子植物]

ヤマモモ　56　　オニグルミ　58　　サワグルミ　60　　ヤマナラシ　62　　シダレヤナギ　64　　ヤシャブシ　68　　ダケカンバ　70　　ウダイカンバ　72　　シラカンバ　74　　アカシデ　74　　ブナ　78　　イヌブナ　80　　コナラ　84　　クヌギ　84　　カシワ　87　　ミズナラ　88　　ウバメガシ　90　　クリ　90　　スダジイ　94　　マテバシイ　94　　ケヤキ　98　　ハルニレ　99　　エノキ　100　　アコウ　102　　ヤマグワ　102　　ヤドリギ　106　　ホオノキ　108　　コブシ　109　　タイサンボク　110　　ユリノキ　110　　クスノキ　114　　タブノキ　116　　ゲッケイジュ　118　　カゴノキ　119　　ヤマグルマ　120　　フサザクラ　122　　カツラ　124　　マタタビ　126　　ヤブツバキ　128　　ヒメシャラ　130　　サカキ　130　　モミジバスズカケノキ　132　　マンサク　134　　ウツギ　135　　ノリウツギ　135　　ソメイヨシノ　138　　ヤマザクラ　138　　オオシマザクラ　140　　ウメ　140　　モモ　140　　ナナカマド　140

ネムノキ 144　　ハリエンジュ 146　　アカメガシワ 148　　キハダ 149　　ドクウツギ 150　　ハゼノキ 151　　オオモミジ 153　　イタヤカエデ 153　　トチノキ 156　　モチノキ 158　　ツタ 158　　シナノキ 160　　イイギリ 163　　ユーカリノキ 164　　オヒルギ 168　　ミズキ 170　　ヤマボウシ 170　　ハナミズキ 170　　ハリギリ 172　　ミツバツツジ 174　　エゴノキ 176　　シオジ 178　　ハシドイ 179　　ヒトツバタゴ 180　　ムラサキシキブ 181　　キリ 182　　ガマズミ 184　　ニワトコ 186

[単子葉植物]
モウソウチク 188

用語解説 …………………………………………………………… 190
参考・引用文献 …………………………………………………… 192
索　引 ……………………………………………………………… 196

コラム

ハナイグチ………………………………………………	24
ショウロ…………………………………………………	25
松原と海岸林……………………………………………	27
広義のナラタケ…………………………………………	45
キツネタケ………………………………………………	66
ベニテングタケ…………………………………………	71
チチタケ…………………………………………………	83
イボセイヨウショウロ…………………………………	86
オオシロアリタケ………………………………………	103
グロムス類………………………………………………	117
ハルシメジ類……………………………………………	142
コツブタケ類……………………………………………	167
キヌガサタケ……………………………………………	189

日本の樹木
総論

日本の樹木と森林

　日本が含まれる東アジアは，ユーラシア大陸の東岸にあって降水量が豊富であるために，緯度に沿って赤道直下の熱帯多雨林からシベリアのタイガ（taiga，北方林，亜寒帯針葉樹林）にいたるまで，ずっと森林が連続して分布する．日本列島は南北に長いため，北方由来の種，中国大陸・ヒマラヤ由来の種，東南アジア由来の種などが出会う場所であり植物相が豊富である．また，ヨーロッパと異なって氷期においても森林が維持されたレフュジア*（refugia，避難地）が存在していたため，中国大陸や日本には，イチョウ，メタセコイア，スギ，コウヤマキなどの針葉樹やフサザクラ，ヤマグルマなど，古第三紀*，新第三紀*に栄えたが多くの地域で絶滅してしまった遺存種*（relic species）が数多く存在している．さらに，氷期・間氷期サイクルに伴う海水準変動や，活発な造山運動，とくにフォッサマグナ（北東日本と南西日本を分ける地溝帯）の形成や火山活動などによって，種の分布域が分断されたり再会したりするうちに，新たな種が分化したり雑種形成が行われたりした．こうしたさまざまな要因によって，日本には樹木だけで約 1500 種という世界でもまれにみる多様な植物相が成立した．

　前川（1977）は，日本列島を 9 つの植物区系区に分けた（●1）．えぞむつ地域はトドマツ，エゾマツなど北方由来の種が多く，琉球地域はマングローブなど熱帯由来の種が多いのは当然であるが，日本海地域，フォッサマグナ地域，襲速紀地域（九州（熊襲），四国（速水瀬戸），紀伊半島をつなぐ地域名に由来）には，特徴的な植物が多い．日本海地域は，暖温帯に由来するヤブツバキ，アオキ，イヌガヤなどの常緑樹が気候条件のため小型化し匍匐性を獲得することによって別種や変種となったものが多い．ユキツバキ，ヒメアオキ，ハイイヌガヤなど日本海地域に分布するものは埋雪されて氷点下の寒さから守られるため，冷温帯まで分布を広げている．フォッサマグナ地域は，活発な造山運動や火山活動によってガクアジサイやヤブウツギなどの種分化が起きた地域である．襲速紀地域は，トガサワラ，コウヤマキなどの遺存固有種や，中国・ヒマラヤに近縁種をもつ種が多い．

　一方，南北に長い日本の気候条件の多様性は，森林の多様性を生み出した．日本は多雨で水分条件は十分であることから，おもに緯度および標高によって規定される温度条件によって，森林帯が区分される（●2）．すなわち，「亜熱帯常緑広葉樹林」，「暖温帯常緑広葉樹林」，「冷温帯（山地帯）落葉広葉樹林」，「亜寒帯（亜高山帯）針葉樹林」である．

　それらの森林帯の境界は，吉良（1971）による暖かさの指数（温量指数 WI）で説明される．WI は 1 年間の各月の平均気温（T）のうち，5℃を植物の生育限界温度と考えて 5℃を上回る月についてその 5℃との差を積算した温度である．WI が 180℃・月をこえる奄美諸島や沖縄では，アコウ，ガジュマルなどからなる亜熱帯林（subtropical forest）が，WI が 85〜180℃・月の暖温帯（暖帯）（warm-temperate zone）では，シイ類，カシ類，タブノキなど，葉のクチクラが発達した常緑広葉樹からなる照葉樹林（lucidophyllus forest, laurel forest）が成立する．WI が 45〜85℃・月の冷温帯（cool-temperate zone）は，本州ではブナ，ミズナラ，カエデ類などからなる山地帯（montane）落葉広葉樹林となるが，北海道では黒松内低地帯以南にしかブナが分布せず，冷温帯から亜寒帯にかけてはエゾマツ，トドマツ，ミズナラなどの混交林が広く成立し，汎針広混交林帯（pan-mixed forest zone）とよばれる．WI が 15〜45℃・月の地域では，本州ではオオシラビソ，シラビソ，コ

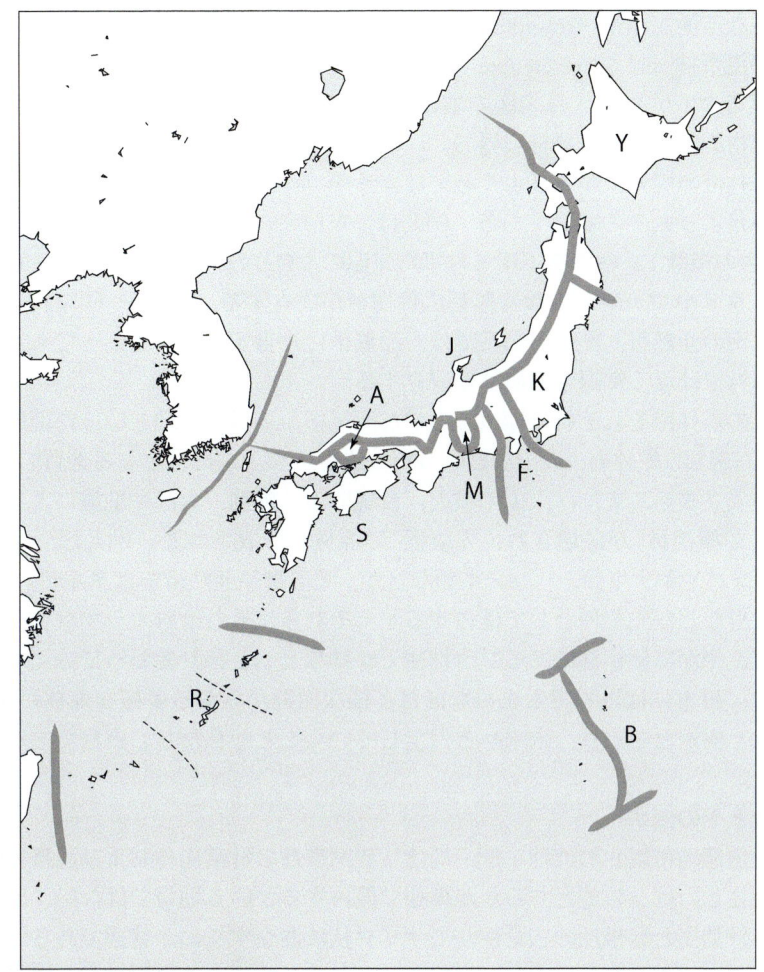

●1 　**日本の植物区系**（前川 1977）．A：阿哲地域，B：小笠原地域，F：フォッサマグナ地域，J：日本海地域，K：関東地域，R：琉球地域，S：襲速紀（そはやき）地域，Y：えぞむつ地域．

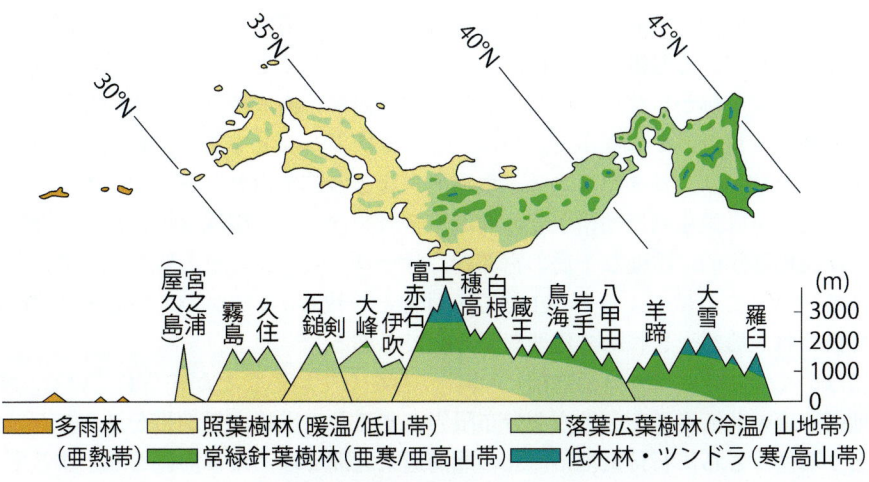

●2 　**日本の森林帯**（只木 1988）

メツガなどからなる亜高山帯（subalpine）針葉樹林，北海道ではエゾマツ・トドマツなどからなる亜寒帯林（寒温帯林 cold-temperate forest，または北方林 boreal forest ともいう）となる．さらに高標高，高緯度の WI が 15℃・月未満の地域では森林は成立せず，ハイマツや矮生低木，草本からなる高山植物群落となる（森林限界*）．

　温量指数は森林帯の境界にかなりよくあてはまるが，常緑広葉樹林の分布を制限しているのは，実際には温量不足よりも冬の寒さである．例えば，WI が 85℃以上の暖温帯でも最寒月の平均気温が−1℃（寒さの指数 CI（5℃を下回る月平均気温の 5℃との差の積算値）が−10℃・月）を下回る地域では，クリやコナラからなる落葉広葉樹林が成立する．これを「中間温帯林」とよぶ．逆に，屋久島以南の亜熱帯，熱帯の山岳では，冷温帯に相当する温量であっても，冬が暖かいため，落葉広葉樹林ではなく常緑広葉樹林が成立する．

　一方，これらの森林帯それぞれの地域の中でも，尾根から谷，平地といった地形の違いや，堆積岩，花崗岩，石灰岩，蛇紋岩，火山灰といったさまざまな土壌母材となる地質の違いによって，異なった森林が成立する．また，火山の噴火，台風による風倒，大雨や地震による地すべり，山火事などによって極相林*が破壊され，先駆種*の森林が形成される．例えば，亜高山帯や冷温帯では，シラカンバやヤナギ類，ハンノキ類などが，暖温帯や亜熱帯ではヌルデ，アカメガシワ，カラスザンショウなどが先駆種として優占するが，それらはそれぞれカラマツ林やコナラ林などの途中相を経て，やがて極相林であるブナ林やカシ林などへと移り変わっていく．

　以上のように，日本には世界でもまれなほど多様な樹種からなる多様な森林が存在している．この豊かな森林と樹木とを知り，未来へと保全していくことが私たちの責務である．［福田健二］

●汎針広混交林とその樹木

　北海道の黒松内低地帯以北の低地・低山地は，亜寒帯性の針葉樹林および温帯性の広葉樹林がモザイク的に混在し，けっしてどちらかが単独で優占するという地帯ではない．出現する混交林でも亜寒帯性の針葉樹と温帯性の広葉樹がモザイク状に混交するのが普通である．さらにこのような森林はヨーロッパなどでも出現し，世界的にみても亜寒帯の針葉樹林帯と温帯の広葉樹林帯の中間帯としての性格をもつ．このことから広義の温帯の区域として汎針広混交林帯（pan-mixed forest zone）とよぶ．

　日本の温帯林（冷温帯林）はブナによって代表され，北限は北海道渡島半島の長万部と寿都を結んだ付近の黒松内低地帯である．黒松内低地帯以北の低地帯はブナ林こそないが，本州から北海道まで広く分布している温帯性広葉樹からなる森林かまたはそれらと亜寒帯性針葉樹のトドマツやエゾマツとの混交林からなっている．温帯性広葉樹林の構成種は，本州中北部のブナ林地帯の渓畔林構成種のカツラ，オニグルミ，ハルニレ，ヤチダモなどであり，針広混交林ではミズナラ，シナノキ，ハリギリ，イタヤカエデ，ホオノキなどの広葉樹とトドマツ，エゾマツが混交する．汎針広混交林帯は黒松内低地帯以北の北海道全域を含み，北限線は温帯植物の北限を示す線であって，植物地理学的に重要な千島の宮部線，サハリンのシュミット線を通ってアムール河口付近に至っている．これはちょうど WI 35℃・月線と一致している．WI 35℃・月線は農業北限界線として扱われ，農業上きわめて重要な限界線でもある．

　北海道にはいくつかのフロラ（植物相）の滝注が存在していることが知られている．すなわち，黒松内低地帯以南の北海道西南部地方を分布限界とする型，黒松内低地帯をこえて石狩低地帯を分布限界とする型，さらに石狩低地帯以北の北海道東北部では，日本海側を北上する型と，太平洋側を東上して日高山脈を東限とする型と，さらに日高山脈をこえて根室地方に及ぶ型に分けら

れる．渡邉定元らは，これらの型を代表する樹木として，それぞれブナ，トチノキ，ドクウツギ，クリ，アカシデがあげている．　　　　　　　　　　　　　　　　　　　　　　　　　　　　　[梶　幹男]

注　特定の地域に生育する植物の種類組成をフロラというが，ある地域を境にその一部または多くの植物の分布が途切れ，他の植物相に急激に変化する分布域を「フロラの滝」という．

●冷温帯林とその樹木

冷温帯林は，ブナ林をはじめとする落葉広葉樹林に代表されるため冷温帯落葉広葉樹林，あるいは，夏季だけ葉をつけるため冷温帯夏緑樹林とよばれることもある．また，冷温帯は森林の垂直分布でいう山地帯に該当することから山地帯林ともよばれる．

数十年前まではみごとなブナ林が東北地方の日本海側を中心に残っていた．それらの多くは伐採され，スギやカラマツの植林が進められていった．白神山地には世界的にも貴重なブナが優占する冷温帯林がまとまって残されている．ブナはわが国の冷温帯林の代表といってよい．

冷温帯林は，本州中部から北海道西部にかけて広くみられる．本州には脊梁山脈が南北に伸びており，冬季の季節風を直接受ける．このため，日本海側は多雪，太平洋側は少雪となり，森林植生に顕著な背腹性をもたらす．冬に雪がある程度深く積もる地域においてブナは優占するが，太平洋側などの雪が少ない地域では優占度が低くなり，他の落葉広葉樹と混交する．冷温帯林は温帯域の湿潤な地域に成立する生態系で，世界的にみると，最も広く優占するのはナラ類であり，ブナ林はなかでも最も湿潤な地域に成立する．ブナは，数カ月間にも及ぶ強い積雪圧に耐えることができるため，日本海側山地帯の気候に最も適応した高木種である．冷温帯林をおもに構成するのは，ブナやミズナラのブナ科樹木のほかに，ウダイカンバやミズメなどのカンバ類，シオジやヤチダモなどのトネリコ類，コハウチワカエデやイタヤカエデなどのカエデ類，ハリギリ，ケヤマハンノキ，ハルニレ，サワグルミ，シナノキ，カツラ，トチノキなどである．ブナ林の下層はササ類によっておおわれていることが少なくない．日本海側ではネマガリタケやクマザサが，太平洋側ではクマイザサやミヤコザサ，スズタケが比較的よくみられる．

日本海側のブナ林の林床には，ササ以外にも太平洋側にはない特有な樹木が生育する．例えば，ユキツバキ，ヒメモチ，ヒメアオキ，エゾユズリハ，ツルシキミなどの低木性の常緑広葉樹やハイイヌガヤ，チャボガヤなどの常緑針葉樹などである．これらの樹種は匍匐性を示し，積雪におおわれることで冬季の低温や乾燥を回避する．なお，太平洋側にはそれらに対応するヤブツバキ，モチノキ，アオキ，ユズリハ，ミヤマシキミ，イヌガヤ，カヤが生育する．

冷温帯林では，他の森林タイプと同様に，地形によって構成樹種が異なってくる．ブナ林は斜面の中腹部に多いが，尾根や谷では他の樹種に置き換わる．　　　　　　　　　　　　　　　[木佐貫博光]

●暖温帯林・亜熱帯林とその樹木

暖温帯林は温帯林の中に位置づけられて，緯度が高くなり気温が低くなると冷温帯林に，緯度が低くなり気温が高くなると亜熱帯林へと移行する．年間を通じて一定以上の気温と降水量がある地域には常緑広葉樹の森林が出現する．北半球の暖温帯林には2つのタイプがあり，一つは，夏季に雨が多い（夏雨気候）地域に，葉が大きくクチクラ層が発達して光沢（照り）がある樹木が優占するもので，わが国では照葉樹林と名づけられている．英名ではクスノキ科樹木が多いことから laurel forest とよばれる．中国南西部から日本列島にかけて広く分布し，西南日本ではタブノキ，シイ類，カシ類，クスノキなどさまざまな常緑広葉樹の樹木が出現する．もう一つは，地

中海地域に代表される冬季に雨が多い（冬雨気候）地域に分布するもので，夏季の乾燥に耐えるためにコルクガシやオリーブなどかたい小さな葉をつける硬葉樹林（sclerophyllous forest）が出現する．

　わが国の暖温帯林は，タブ林，シイ林，カシ林に分けられる．タブ林は主として海岸沿いに分布して，低山地帯ではスダジイなどのシイ類と交代する．シイ林はタブ林よりも乾いた環境に多く出現する．垂直的にはシイ類の生育限界をこえるとアカガシやウラジロガシなどのカシ類が出現してくる．

　一方，屋久島と奄美大島の間には，スギ・ヒノキ・アカマツなどの北方要素とリュウキュウマツ・オヒルギ・アダンなどの南方要素の植物の分布境界線（渡瀬線）があり，フロラの滝として知られている．トカラ列島以南の南西諸島および小笠原諸島には亜熱帯林が分布している．亜熱帯林の特徴として，オヒルギで代表されるマングローブ林，ヤシ科のビロウ，クワ科のガジュマルなど，亜熱帯～熱帯林で現れる樹種が多数出現する．マングローブ（mangrove）とは，熱帯から亜熱帯の海岸や河口付近の潮間帯の砂泥湿地に生育する樹木の総称で，ヒルギ科樹木に代表され，わが国のマングローブ林は太平洋の北限に位置する．南西諸島では，ヤシ類やマングローブ林など亜熱帯の植生がみられるものの，森林の大部分ではスダジイ，オキナワウラジロガシ，タブノキなど暖温帯の常緑広葉樹林と共通のものが多い．すなわち，同じ南西諸島でも北部の薩南諸島の森林は亜熱帯的な要素の多い暖温帯林であり，南部の琉球諸島の森林は暖温帯の要素の多い亜熱帯林である．そこで，暖温帯と亜熱帯の移行帯の森林と位置づけられている．

〔鈴木和夫・白石　進〕

植物の分類

　生物の分類は集団の多様性を体系づけることにある．植物の分類の源となったのは薬のもと（本）になる草（本草）の識別（本草学）であった．わが国では貝原益軒の『大和本草』（1708年）にさかのぼる．世界で最初に生物の分類を体系的に試みたのはスウェーデンの医者リンネで，動物・植物・鉱物の自然物を整理して『自然の体系（Systema Naturae）』（1735年）を著し，その後現在の植物命名の基準となる『植物の種（Species Plantarum）』（1753年）を出版して，当時知られていた770種あまりの植物の形質を記載した．わが国の植物を世界に紹介したのはいずれもスウェーデンやドイツの医者であったリンネ，ツンベルグ，シーボルトらであった．

　植物の分類では，さまざまな形と生態の類似性と相違性に基づいていくつかのまとまりに分けていく．そうすると，どこまでも似たものが連続していくかというとそうではなくて，少し違ったものが現れてまた連続していく．このように，分類は今日なおリンネの種の概念であるさまざまな形の不連続に基づいて行われている．近年は，遺伝学などの新しい知見の導入によってDNAの塩基配列などから新たな植物の分類体系が試みられている．

　植物の分類で最も把握しやすい概念は，一般に松，桜，椿などといった属（genus）の概念で，松といったときにはマツ属のアカマツやクロマツなどの樹種を連想することが多い．次いで，種（species）の概念が確立し，そして科（family）の概念ができてきた．

　種は生物の分類の基準単位であり，リンネの種の概念は，形態の不連続を基礎とするものである．すなわち，具体的に種が違うことを説明するならば，①互いに形態的に異なり，②その間が不連続で，③異なる地域環境に生育し，④異なる遺伝的組成をもち，⑤雑種ができない，ことなどである．しかし，多くの例外も存在する．

　種の名前は学名（scientific name）といわれ，一つの植物に一つであることから，ラテン語によって万国共通に表記され，国際植物命名規約としてリンネの二命名法（属名と種小名との組み合わせによる種名の表現）が用いられる．例えば，わが国に多数の園芸品種がある椿（種名ヤブツバキ）の学名は *Camellia japonica* Linnaeus で，属名 *Camellia*（宣教師名に由来），種小名 *japonica*（日本の意），命名者名 Linnaeus（スウェーデン人リンネのラテン語名）の順に記載される．属名は必ず大文字で書きはじめ，種小名は小文字を用いて共にイタリックで表記することが決められている．命名者名は省略形を用いることが多いが（Linnaeus; Linn., L.），命名者名を省く記述も多い（本書でも省いている）．学名の読み方は，本来ならばラテン語の発音に従うべきであるが，ラテン語は現在はほとんど用いられていないので，例えば英名 maple であるカエデ属 *Acer* は，ラテン語ではアケルまたはアーケルと発音されるが，現実にはアセル，アーセル，アーサー，エーサーなどさまざまに発音されている．また，わが国のクロマツ *Pinus thunbergii* はラテン語ではピヌス・ツンベルギーと発音されるが，英語読みでパイナス・サンバージアイと発音されることが多い．したがって，学名が正しく理解されていれば読み方は各自の自由でよいものと思われる．また，ラテン語は語尾変化するので，「日本」の意味でも，文法的に属名の名詞に合わせて，*japonica*（女性名詞），*japonicus*（男性名詞），*japonicum*（中性名詞）と変化して用いられる．

　学名に対して各国のことばによるよび名（種名）は普通名（common name，日本語なら和名）といわれ，わが国ではカタカナで記載される．種名はしばしば多数の和名をもっていて，混乱の

原因となっている．例えば，植物学上の種名ヒノキアスナロは，林業ではヒバやアテとよばれてはるかに一般的に用いられていて，地域社会と密接な関係がある．同様に植物学上の種名オオシラビソやハリギリは林業ではそれぞれアオモリトドマツやセンノキとよばれている．

　和名は植物の形質に由来するものが多く，カラマツ，トドマツ，エゾマツなどは樹幹の形状がアカマツに似ていることから名づけられたものである．それぞれマツ属樹種ではなく，カラマツ属，モミ属，トウヒ属の樹木である．さらに，地方によっては異なる方言名が用いられているが，このような方言名はその地方の人々の生活と樹木とのかかわりを知るうえで欠かすことができない歴史の証拠である場合が少なくない．

　一方，外国名を日本語に訳したときにはしばしば誤解を生むことがある．菩提樹は釈迦がこの木の下で悟りを開いたといわれる聖樹インドボダイジュ（クワ科イチジク属 *Ficus*）を指すが，シューベルトの歌曲で有名な Lindenbaum（ドイツ語，英語 linden）やベルリンの菩提樹通りの菩提樹はセイヨウシナノキ（シナノキ科シナノキ属 *Tilia*）である．したがって，菩提樹といえばアジアでは前者が，ヨーロッパでは後者を指すことになり，『広辞苑』（岩波書店）ではまったく異なる2つの樹種が併記されている．また，輸入木材で用いられるベイマツやベイスギは，その用途がアカマツやスギのかわりに用いられているので名づけられた木材の市場名であって，マツ属やスギ属とはまったく異なるそれぞれトガサワラ属（ダグラスファー）とネズコ属（アメリカネズコ）の樹木である．

　地球上の植物は現在知られているだけでも25万種に及ぶ種に分化している．わが国には，おおよそ裸子植物40種余，被子植物4800種余，シダ植物700種余，合わせて5500種余が記載されていて，これらのうち樹木約1000種が知られている．近年，生物多様性の保全が謳われているが，まずは多彩な樹木を知ることは「知るは楽しみなり」である．

●樹木の形態的特徴と見分け方

　樹木とは，草本植物（herbaceous plant）に対比して木本植物（woody plant）とよばれるもので，『広辞苑』（岩波書店）には立木（たちき）とある．一般には，少なくとも人間の背丈あるいは4～5 mの背丈がある植物で，専門的には維管束形成層により毎年肥大成長して多量の木部を形成する植物である．単子葉類のイネ科タケ類は10 mをこし稈の太さも30 cmにもなるが，このような植物は維管束形成層をもたないので稈が肥大成長することはない．

　植物の分類は，まず生殖器官である花の構造によって分けられるが，樹林に入れば花を見ることができなくても樹木の形態で樹種を識別せざるをえない．基本的には，葉，幹（樹皮），枝，芽などのさまざまな外部の形態的な特徴によって見分けられるもので，特に葉や樹皮などを目安にすることが多い．

　葉は，互生・対生・輪生といった葉のつき方（葉序），単葉・複葉・羽状複葉といった葉のタイプ，針形・楕円形・心形といった葉の形（shape），全縁・鋸歯縁・浅裂といった葉縁の形（margin），鋭頭・鈍頭・凹頭といった葉の先端の形（tip），鈍形・くさび形・心形といった葉の基部の形（base），平行脈・掌状脈・羽状脈といった葉脈の形（venation）などの特徴で区別される．

　樹皮は，その外観がしばしば樹木の成長とともに変化するが，属や種に特徴的な形態も少なくない．ブナ属樹木の平滑な樹皮，コナラ属アベマキのコルク層が発達した溝状の樹皮，マツ属樹木の鱗状の樹皮，スギやヒノキの細長く繊維状に剥がれやすい帯状樹皮，カバノキ属樹木の薄く紙のように剥がれる樹皮，ソメイヨシノなどサクラ類の横長の皮目（空気の出入り口となる組織）が目立つ樹皮などである．

［鈴木和夫］

葉のつき方

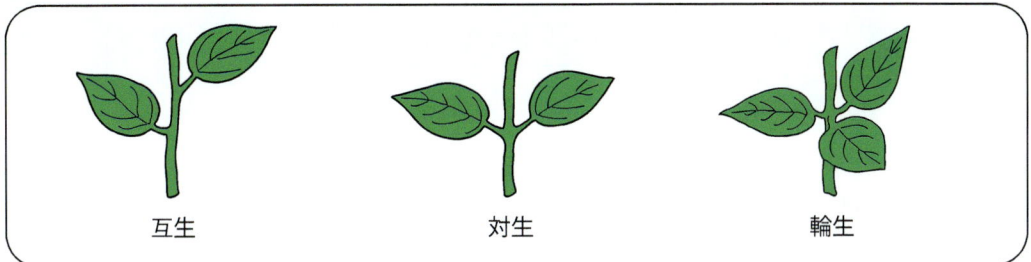

葉のタイプ

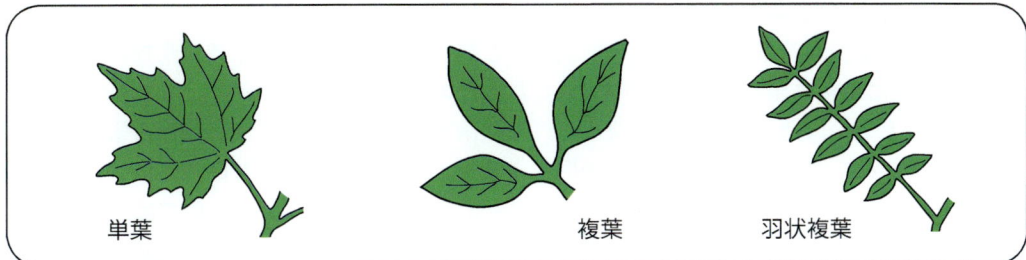

葉の形

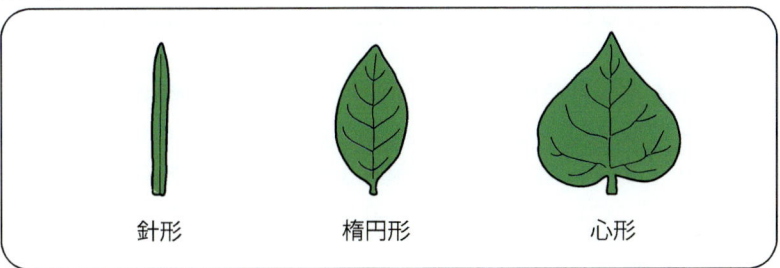

葉縁の形

葉の先端の形

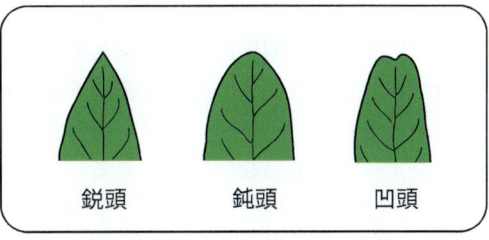

葉脈の形

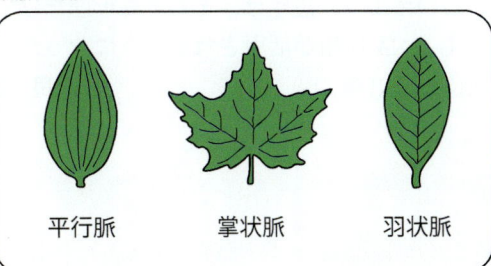

葉の基部の形

● 樹木の形態的特徴と見分け方

キノコ・菌類の分類

　キノコの語源は「木の子」ともいわれ，樹木のまわりにはたくさんのキノコがみられる．菌類が胞子の形成と散布のためにつくる器官のうち，肉眼でも観察できるものに対して用いられる一般的な総称がキノコである．いずれも菌糸（細長い細胞が糸状に連なったもの）が集まってできたものであるが，菌種によってキノコの形や色，におい，大きさなどはきわめて多様性に富む．キノコの多くは担子菌*類に含まれ，その代表的な生活環を●1に示した．キノコから散布された胞子は発芽して一次菌糸となり，別の一次菌糸と接合して二次菌糸となる．動物のオスとメスのように，菌糸にも性に相当するものがあり（ただし性の数は4つのものが多いので極性とよぶ），接合できるかどうかは遺伝子によって決まる．二次菌糸はさまざまな形で外部から栄養を獲得して増殖し，多数の菌糸が集まった菌糸体を形成する．十分に大きくなった菌糸体にはやがて子実体*原基が形成され，これが新しいキノコへと成長する．成長したキノコの中では，減数分裂によって胞子がつくられ，そして散布される．役目を終えたキノコのほとんどは短時間のうちに分解してしまう．このように，キノコとは有性生殖によって新しい個体を作り出すために菌類の生活環のほんのわずかの時間に形成されるものであり，植物にとっての花や果実に相当するものと考えることができる．

　以前は植物の中に含まれて扱われていた菌類は，DNA情報に基づく系統分類の研究から，植物よりも動物に近いことがわかっている（Douzery et al. 2004）．これまでに知られている植物は約30万種，動物は約120万種といわれる．菌類の分類は困難なため記載された菌種は10万種にも満たないが，実際は150万種程度（Kirk et al. 2001）が存在すると推定されており，菌類は植物や動物と並ぶ地球上で最も進化・発展した生物群である．キノコが形成されるのは菌類の中でも進化したグループである担子菌類や子嚢菌*類の一部である（●2）．菌類としては最も複雑に発達した器官であるキノコは形態分類で重要視されるが，その分類学的特徴は動物や植物に比べてはるかに少なく，環境による変異も大きい．さらに，発生時期や場所が特定できないうえにすぐに分解してしまうキノコの種を網羅するには膨大な労力と時間がかかることが分類を困難にしている．こうしたことから，キノコの分類や同定は遅々として進まず，未だに日本のキノコの多くは名前すらついていない状況である．すでに記載されている菌種でさえ，複数の異なる菌種が1つの種として扱われていたり（ナラタケやコツブタケなど），形態的類似性から同属とされていた菌種がまったく異なる系統群に属していたりといった例はいくらでもある．つまり，キノコなどの菌類を形態だけで分類するのには限界があるといえよう．近年は，そもそも形態だけでは識別できないバクテリアのように，キノコの分類にもDNA情報が活用されるようになった．その結果，菌類全体の分類体系は今まさに激変の途上にある（●2）．

［奈良一秀］

キノコ・菌類の分類

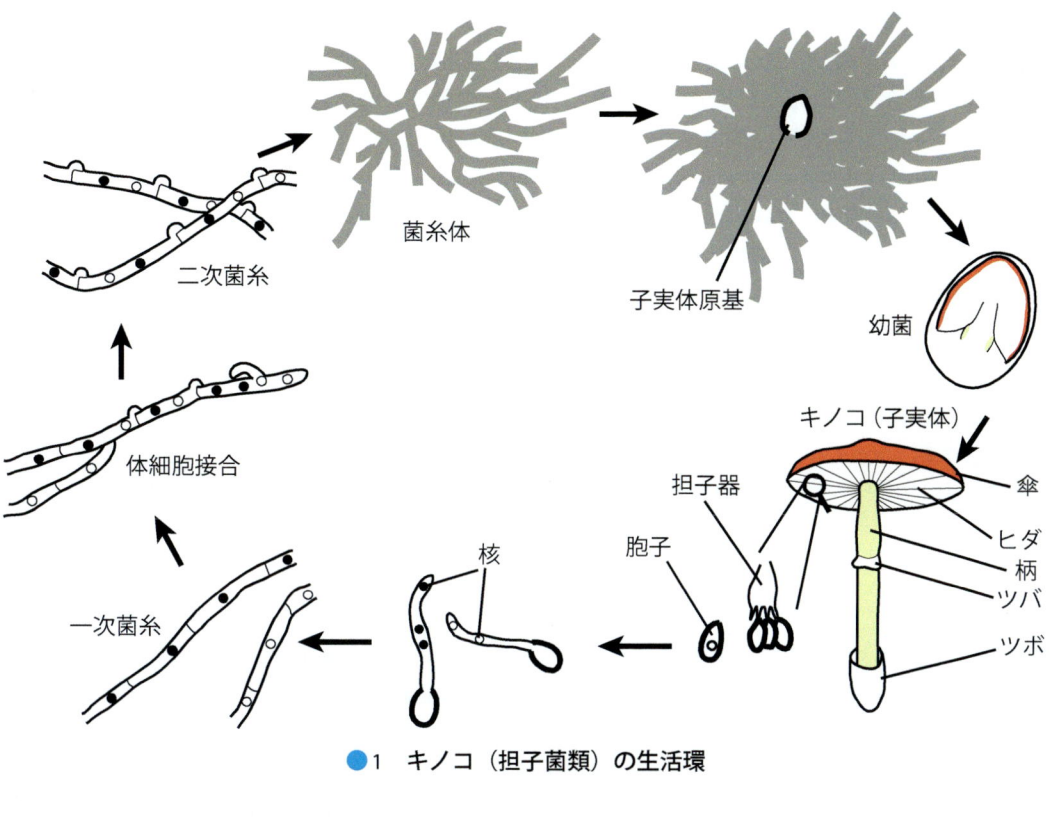

●1 キノコ（担子菌類）の生活環

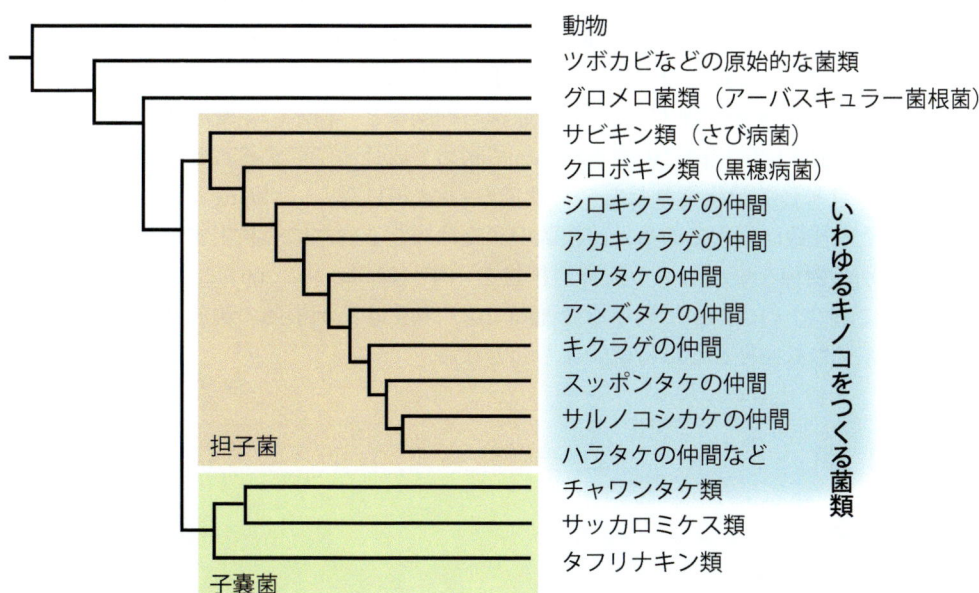

●2 DNA情報を基にした菌類の系統樹．菌類は動物と共通の祖先をもつ．ツボカビ類や接合菌類などの原始的な菌類から，草本植物などにアーバスキュラー菌根を形成するグロメロ菌類が分化した．担子菌類や子嚢菌類の中でもキノコを形成するグループは進化的に新しいグループである．なかでも傘や柄をもつ典型的なキノコ（以前はハラタケ目とよばれていたグループで現在は分子系統解析の結果を反映して細分化されている）を形成するのは最も進化した菌類である（詳細は The Mycological Society of America 2006 を参照）．

● キノコと樹木

　樹木と深いかかわりがあるキノコは，栄養獲得の様式によって2つのグループに分けることができる．その一つは死んだ樹木の組織を分解することで栄養を獲得するキノコで，「腐生菌*」とよばれる．落葉や落枝，脱落根，倒木などの樹木の遺体は，いずれも腐生菌の重要な栄養源だ．こうした腐生菌は生態系の物質循環において不可欠な存在である．おがくずなどを基質にした腐生菌の人工栽培は比較的容易なことから，シイタケやエノキタケ，マイタケなどの腐生性キノコは安価で流通量も多い．

　もう一つのグループは，樹木の生きた細根に共生して菌根を形成し，樹木から炭水化物を直接獲得するキノコで，「菌根菌*」とよばれる（●1）．樹木のほとんどは菌根菌と共生することが知られ，その細根の大部分は菌根化している（Fitter & Moyersoen 1996）．それぞれの菌根からは無数の菌糸が伸びているため，森林土壌中の菌根菌の菌糸量は腐生菌を圧倒している．特に，マツ科やブナ科，カバノキ科，ヤナギ科などは多くの担子菌類と菌根共生しているため，こうした宿主樹木の下にはさまざまな菌根性キノコがみられる．生きた樹木と共生する菌根性キノコの人工栽培は困難で，市場での流通量は少なく，マツタケやトリュフなどは大変高価な値段で取引される．

　菌根菌は樹木から炭水化物を受け取るかわりに，土壌中に縦横無尽にはりめぐらされた菌糸で効率的に土壌養分を獲得し，その一部を樹木に供給する（Smith & Read 2008）．樹木が自分の根だけで吸収できる養分は限られており，菌根菌から供給される養分は樹木の成長に不可欠なものである．●2は，アカマツにいろいろな菌根菌を接種した実験の様子を示したものである．菌根菌を接種していないアカマツは，養分不足によりほとんど成長していない．一方，菌根菌を接種した実生はいずれも成長が促進されており，接種から6カ月後の時点で最も効果があった菌種では，接種していない苗に対して乾燥重量で8倍，光合成量で32倍にも達した．こうした実験の結果は，樹木が必要とする養分の大半は樹木の根自体ではなく菌根菌が吸収していることを意味している．菌根菌には養分獲得以外にも，病原菌の抑制など，樹木の生育を助けるさまざまな働きがある．結局，樹木は菌根菌との共生があって初めて成長・生存することができるのである．

　菌根菌はキノコとして記載されたものだけでも6000種に達し（Molina *et al.* 1993），未記載種まで含めるとその種数は膨大である．菌根菌の多くは異なる樹木にも共生する能力をもつが，ある樹種よりは別の樹種を好むという樹種選択性を示す（Ishida *et al.* 2007）．このため，宿主樹木によって（特に属以上のレベルで異なる樹種間では）共生する菌根菌の組成は大きく異なり，発生する菌根性キノコも樹種ごとに特徴的なものとなる．　　　　　　　　　　　　　　　　　［奈良一秀］

キノコ・菌類の分類

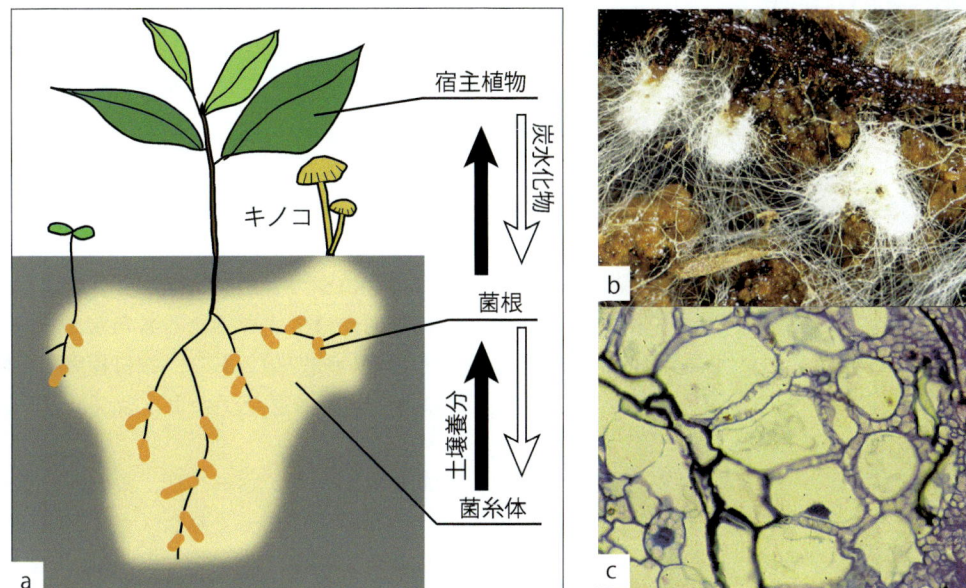

●1　外生菌根共生の模式図．(a)，菌根の外部形態（b, アカマツ）および内部構造（c, カラマツ）．菌根菌は宿主植物の細根表面をすっぽりとおおい，根の内部にも侵入して皮層細胞を包み込む．菌根から土壌中に菌糸体をはりめぐらし，条件が整えばキノコを形成する．植物と菌根菌は直接物質交換を行う密接な相利共生関係である．

●2　菌根菌による樹木（アカマツ）の成長促進作用．多くの樹木は菌根菌なしでは成長できない．菌根菌の種によって樹木の成長には大きな差がみられる．

● キノコの特徴と見分け方

　森にたくさん発生するキノコは，菌類が胞子（spore）を散布するためにつくる子実体*（fruit body）である．一つの生物個体としてみた場合，キノコは体のほんの一部にすぎず，その本体は土壌中や腐朽木などの基質中に隠れている菌糸体（mycelium）である．ただ，菌糸体は肉眼では観察できない細い菌糸で構成されているうえに，形態的特徴も乏しいことから，同定・分類に用いられることはない．肉眼でも観察できるキノコこそが菌種を見分ける唯一の現実的な手がかりといえよう．

　キノコは質感によって硬質菌と軟質菌に大別される．サルノコシカケやマンネンタケのような固くて丈夫なキノコは硬質菌で，一般的に寿命が長く，何年もかけて大きくなるものもある．これに対して，シイタケやエノキタケといったキノコはやわらかい軟質菌であり，数日程度で分解してしまう寿命の短いものが多い．やわらかいキノコの中には，キクラゲのようなジェリー状（jelly fungus）のものもある．

　キノコ全体の形は，一般的な傘（cap）と柄（stalk）のあるものから，ボール形，茶碗形，ラッパ形，棒状，花びら状，樹枝状など，変異に富む．中には，カニの爪にそっくりな「カニノツメ」，イカが逆立ちしたような形の「イカタケ」，スッポンの頭のような形をした「スッポンタケ」など，その特殊な姿を形容する名前がつけられたキノコもある．

　傘の色や形，傘表面にみられる模様や突起物，粘液などもキノコを見分けるのに役立つ．傘の裏側は，一般的なヒダ（gill）状のものから，管孔状，針状などがあり，さらにヒダの疎密，厚み，つき方などに菌種の特徴が現れる．また，成熟したヒダの色は表面に形成された胞子の色を反映していることが多く，大まかな分類群を知るための見逃せない特徴である．

　柄を観察する時は，色，表面の模様，質感（中空，中実，針金状など），つばの形質（膜状，クモの巣状など）などが着目すべきポイントとなる．また，柄の基部の形状（膨らむ，細まる，袋状，根茎状），着色，付着物もキノコの識別に有用な部分であり，柄を途中で折って採集することは避けたい．さらに，長く地中に伸びた柄の先には重要なヒントが隠れていることもある．例えば，柄をたどってカメムシやオサムシなどの虫の遺体につながっていれば冬虫夏草類とわかるし，シロアリの巣，モグラの排泄物，他のキノコにつながっていれば菌種が直ちに特定できることもある．

　キノコを傷つけた際の反応（乳液の分泌，変色など）や，匂い，味なども重要な識別ポイントとなる．さらに，顕微鏡を使って胞子やキノコ組織を詳しく観察すれば，より正確な識別が可能となるであろう．こうしたキノコそのものの特徴にくわえて，発生時期，発生地域，発生場所（枯木，腐植，地上，地中など），発生環境（周辺樹種，土壌など）などの周辺情報がキノコの名前を知る重要な手がかりになることもある．いずれにせよ，植物に比べてキノコを見分けるのは大変難しく，専門家でも正確に同定できないことは珍しくない．食用菌に酷似する猛毒キノコもあるので，安易な同定で試食するようなことは厳に慎んでいただきたい．　　　　　　　　［奈良一秀］

日本の樹木
各論

　わが国の樹木約1000種の最も身近な概念は属のくくりであることから，まずわが国の400属近い樹木の属の中から，身近でしかも世界的にもなじみのある樹木55属をとりあげました．そして，それぞれの樹木の属する属名や科名という大きなくくりは，国際植物命名規約で用いられている学名とともに普通名として英語名*を併記しました．

* 英語名は，さまざまな機会に世界の森林・樹木の話題にふれたときに，人々との会話に大変親近感をもつことになります．

　属の上位の概念である科は，わが国の樹木では100科をこえますが，特に代表的な10科をとりあげました．したがって，わが国を代表する樹木100種の記載は，科と属と種の記述があるもの，属と種の記述があるもの，種の記述のみのものと，それぞれの樹種で異なります．樹種としてのみとりあげられた樹木は，特に特徴的な樹種ということになります．

　本書でとりあげた10科，55属，100種の樹木は次ページのとおりです（太いゴチック体で示しました）．

[裸子植物]

科	属	種
イチョウ科	イチョウ属	イチョウ
マツ科	カラマツ属	カラマツ
	マツ属	アカマツ / クロマツ / ハイマツ
	モミ属	モミ / シラビソ / トドマツ
	トウヒ属	エゾマツ
	ツガ属	ツガ
	トガサワラ属	トガサワラ
スギ科	スギ属	スギ
コウヤマキ科	コウヤマキ属	コウヤマキ
ヒノキ科	ヒノキ属	ヒノキ / サワラ
	ネズコ属	ネズコ
	ビャクシン属	ビャクシン
	アスナロ属	アスナロ
マキ科	マキ属	イヌマキ
イチイ科	イチイ属	イチイ
	カヤ属	カヤ

[被子植物]

科	属	種
ヤマモモ科	ヤマモモ属	ヤマモモ
クルミ科	クルミ属	オニグルミ
	サワグルミ属	サワグルミ
ヤナギ科	ヤマナラシ属	ヤマナラシ
	ヤナギ属	シダレヤナギ
カバノキ科	ハンノキ属	ヤシャブシ
	カバノキ属	ダケカンバ / ウダイカンバ / シラカンバ
	クマシデ属	アカシデ
ブナ科	ブナ属	ブナ / イヌブナ
	コナラ属	コナラ / クヌギ / カシワ / ミズナラ / ウバメガシ
	クリ属	クリ
	シイノキ属	スダジイ
	マテバシイ属	マテバシイ
ニレ科	ケヤキ属	ケヤキ
	ニレ属	ハルニレ
	エノキ属	エノキ
クワ科	イチジク属	アコウ
	クワ属	ヤマグワ
ヤドリギ科	ヤドリギ属	ヤドリギ
モクレン科	モクレン属	ホオノキ / コブシ / タイサンボク
	ユリノキ属	ユリノキ
クスノキ科	ニッケイ属	クスノキ
	タブノキ属	タブノキ
	ゲッケイジュ属	ゲッケイジュ
	カゴノキ属	カゴノキ
ヤマグルマ科	ヤマグルマ属	ヤマグルマ
フサザクラ科	フサザクラ属	フサザクラ
カツラ科	カツラ属	カツラ
マタタビ科	マタタビ属	マタタビ
ツバキ科	ツバキ属	ヤブツバキ
	ナツツバキ属	ヒメシャラ
	サカキ属	サカキ
スズカケノキ科	スズカケノキ属	モミジバスズカケノキ
マンサク科	マンサク属	マンサク
ユキノシタ科	ウツギ属	ウツギ
	アジサイ属	ノリウツギ
バラ科	サクラ属	ソメイヨシノ / ヤマザクラ / オオシマザクラ / ウメ / モモ
	ナナカマド属	ナナカマド
マメ科	ネムノキ属	ネムノキ
	ハリエンジュ属	ハリエンジュ
トウダイグサ科	アカメガシワ属	アカメガシワ
ミカン科	キハダ属	キハダ
ドクウツギ科	ドクウツギ属	ドクウツギ
ウルシ科	ウルシ属	ハゼノキ
カエデ科	カエデ属	オオモミジ / イタヤカエデ
トチノキ科	トチノキ属	トチノキ
モチノキ科	モチノキ属	モチノキ
ブドウ科	ツタ属	ツタ
シナノキ科	シナノキ属	シナノキ
イイギリ科	イイギリ属	イイギリ
フトモモ科	ユーカリ属	ユーカリノキ
ヒルギ科	オヒルギ属	オヒルギ
ミズキ科	ミズキ属	ミズキ / ヤマボウシ / ハナミズキ
ウコギ科	ハリギリ属	ハリギリ
ツツジ科	ツツジ属	ミツバツツジ
エゴノキ科	エゴノキ属	エゴノキ
モクセイ科	トネリコ属	シオジ
	ハシドイ属	ハシドイ
	ヒトツバタゴ属	ヒトツバタゴ
クマツヅラ科	ムラサキシキブ属	ムラサキシキブ
ゴマノハグサ科	キリ属	キリ
スイカズラ科	ガマズミ属	ガマズミ
	ニワトコ属	ニワトコ

[単子葉植物]

科	属	種
イネ科	マダケ属	モウソウチク

イチョウ属 イチョウ科

Ginkgo
Ginkgo

　イチョウ属は，現生種としてはイチョウ（*Ginkgo biloba*）1種のみからなるが，その1種のみでイチョウ科（Ginkgoaceae），さらにはイチョウ目（Ginkgoales）ないしイチョウ綱（Ginkgopsida）という独立した系統群をなすほどに，他の針葉樹類とは大きく形態や生活史が異なっている．イチョウは古生代*後期のペルム紀*に出現し，恐竜の時代である中生代*ジュラ紀*には全世界的に分布していた．中生代後期の白亜紀*末に南半球から絶滅，新生代*第三紀には北半球の各地で絶滅して，現生種としてはイチョウ1種のみが中国に生き残ったらしい．現在の生育地としては，中国浙江省の天目山の標高1000 m付近の森林内に野生状の個体群が保護されているのみである．

　属名の *Ginkgo* は，イチョウをはじめてヨーロッパに紹介したケンペル（Kaempfer）の1712年の著書『廻国奇観』の記述をもとにリンネが命名したものである．Ginkgoは，銀杏に由来し，GinkyoあるいはGinkjoの誤記に由来するのではないかといわれている．和名のイチョウは，葉がカモの脚に似ていることから中国で「鴨脚」（イーチャオ）とよばれ，それが日本に伝わったと考えられている．

　イチョウが他の針葉樹類と最も大きく異なるのは，シダ植物やソテツ類と同様に精子をもつ点である．イチョウは雌雄異株で，雄花（正確には小胞子嚢穂）はふつう2個の葯をもつ雄しべ（小胞子嚢托）が多数らせん状についた短い尾状花序状で，雌花（大胞子嚢穂）は長い柄の先が二又に分かれてお椀状になり，それぞれに1つの胚珠がつく．風で運ばれた花粉は，胚珠の先端の水滴（受粉滴）に到達すると，花粉管を伸ばした後，先端から精子（精虫）を放出する．精子は繊毛をもち，水中を泳いで胚嚢中の造卵器にある卵細胞に到達して受精が行われる．

　イチョウが精子をもつことは，東京大学理学部の助手（画工）であった平瀬作五郎が1896年（明治29年）に世界に先駆けて発見し，翌年には平瀬の指導者であった池野成一郎教授がソテツの精子を発見した．これら2つの発見は，種子植物に精子が存在することを世界で初めて明らかにしたもので，裸子植物が精子をもつシダ植物から進化したことを証明した大発見である．この「精子発見のイチョウ」は現在も小石川植物園で旺盛に生育しており，同植物園の目玉の一つとなっている．ギンナンが実っていることからわかるように，精子がみられるのは，雄株ではなく雌株である．雄株から飛んできた花粉が胚珠に到達し，花粉管から出てきた精子が卵細胞を目指して泳いでいるところを，平瀬が発見したのである．

●**イチョウ**（*Ginkgo biloba*）

　イチョウは，日本では仏教伝来とともに持ち込まれたとされ，古くから寺社の境内に植栽されている．また，剪定や大気汚染，病虫害に対して強く，樹形や黄葉が美しいため，街路樹として最もよく用いられるものの一つである．また，世界各地で植物園や庭園に植栽されている．葉は平たい扇状で革質，葉脈は二又分岐し，葉縁にはいくつかの切れ込みがある．

　枝は長枝と短枝とがあり，長枝には葉が1枚ずつらせん状につき，短枝には多数の葉が束になってつく．雄花，雌花は目立たないが，春に短枝の中央付近につく．木材は黄白色でやわらかく，中国ではまな板に用いられる．材中にシュウ酸カルシウムの結晶を含む．樹皮は厚くコルク質が

イチョウ属

●1 イチョウの雄花序（東京都東京大学小石川植物園，梶幹男撮影）

●2 精子発見のイチョウ（東京都東京大学小石川植物園，福田健二撮影）

●3　イチョウの「乳」（千葉県千葉市千葉寺，福田健二撮影）

発達し，古木では枝の途中から太い気根状の組織が垂れ下がることが多く「乳」とよばれる．「乳いちょう」はしばしば子育てをめぐる信仰対象となっている．受精当年の秋に熟す種子は銀杏（ギンナン）として食用にされ，そのための栽培も行われる．まれに，葉の先端にギンナンがつく株がみられ，「お葉つきいちょう」とよばれているが，柄に直生するようにみえる胚珠も，もともとはシダ植物の葉の裏につく胞子嚢のように，変形した葉（心皮）についていたことを示す証拠である．

　ギンナンの果肉状の部分は有機酸を含み悪臭を放つので，土中で腐らせたり洗浄したりしてから中の種子状の部分を利用する（植物学的には果肉状の部分も含めた全体が種子である）．雌株はギンナンの悪臭のため街路樹には好まれないが，稚樹の雌雄を外見から見分けることは不可能である．成木になれば，雄株は枝がまっすぐ伸びて円錐形の樹形を示すのに対して，雌株では枝が垂れ下がり丸い樹形となるのでギンナンのついていない時期にも見分けがつく．　　［福田健二］

マツ科 Pinaceae
Pine family

　マツ科樹木は，中生代*白亜紀*（約1億年前）に出現して，すべての樹種がほぼ北半球にのみに分布している．世界に10〜12属約220種あり，北半球の暖帯から亜寒帯にかけて森林を構成する最も重要な樹種である．北方林は，およそ北緯50〜70度に北極を取り囲むようにノルウェー〜ロシア，アラスカ〜ニューファンドランドへと帯状に連なり，ヨーロッパタイガ，シベリアタイガ，アラスカ/カナダタイガとよばれるマツ科樹種で構成される針葉樹林帯（タイガ）を形成している．マツ属（pine）・トウヒ属（spruce）・モミ属（fir）・カラマツ属（larch）で構成され，その面積は地球上の全森林面積（40億ヘクタール）の1/4を占めていて，地球温暖化防止の観点からも最も重要な森林である．マツ属樹種の種類数が最も多く，約100種が北半球に分布している．一方，ツガ属（hemlock）・トガサワラ属（Douglas fir）・ヒマラヤスギ属（cedar）樹種は分布が特定の地域に限られたり隔離分布していて衰退しつつある．

　わが国の主要な林業樹種であるアカマツ，カラマツ，トドマツ，エゾマツはいずれもマツとよばれるが，それぞれマツ属，カラマツ属，モミ属，トウヒ属のマツ科樹木で，わが国にはさらにツガ属・トガサワラ属の6属，23種が分布している．

　雌花は，1本の軸のまわりに胚珠を2個のせた種鱗とその外側の包鱗が一組となってらせん状に多数ついた花序で，成熟して松ぼっくり（球果）となる．このような球果をもつ植物が球果植物（conifer）で，地球上の最初の陸上植物であったシダ類などの下等維管束植物から進化した裸子植物のうちでグネツム，イチョウ，ソテツのグループを除く，いわゆる針葉樹とよばれるグループである．針葉樹は，新生代*第四紀*に，気候が新第三紀*の温暖湿潤気候から寒冷化に向かったころ，寒冷少雨な環境に対応した北方林構成樹種（上記のグループ）と，温暖湿潤な環境に移動したツガ属・トガサワラ属やスギ科・ヒノキ科樹種のグループに分かれた．

　葉は針状または線形の針葉で，1〜2本の維管束（葉脈）をもつ．マツ属・カラマツ属・ヒマラヤスギ属では長枝と短枝があり，カラマツ属・イヌカラマツ属は落葉で，その他は常緑．マツ科樹木の特徴の一つは材や樹皮に樹脂を分泌する樹脂道*をもつことで，マツ属・トウヒ属・カラマツ属・トガサワラ属では健全な材に樹脂道（正常樹脂道）をもち，モミ属・ツガ属・ヒマラヤスギ属では傷害を受けたときに樹脂道（傷害樹脂道*）が形成される．

　マツ科樹木は，根に外生菌根を形成してキノコ類と共生することが，スギ科・ヒノキ科など他の針葉樹にはみられない特徴であり，中生代からの長い年月繁栄してきたことの一因と考えられる．世界で最も長寿命な樹木は，ロッキー山脈に生育しているブリストル・コーン・パインで，少なくとも4844年まで年輪が確認され，樹齢5000年以上と推定される．現存するものでは最高樹齢は4600年生である．

　ヒマラヤスギ属レバノンスギ（*Cedrus libani*）は，人類が森を切り開いて文明を発展させたとされるメソポタミアの叙事詩「ギルガメッシュ」に登場するが，現在レバノンの国旗のデザインに用いられている．

　現在，アジアのみならずヨーロッパ諸国でマツ材線虫病*の蔓延が懸念されるマツ林，温暖化などに伴う永久凍土地帯融解によるシベリアタイガのカラマツ林の消失などがグローバルな観点から喫緊の課題である．

科名および属名（Pinaceae, *Pinus*）はケルト語の山 pin に由来する．
松の漢字は，その旁から，おおやけの木の意で，めでたいことのたとえに用いる．

［福田健二・鈴木和夫］

カラマツ属 マツ科

Larix
Larch

　カラマツ属は，北半球の亜寒帯を中心に非常に広い範囲に分布する．カラマツ属の起源は，新生代*古第三紀*の時代にさかのぼる．当時は北アメリカ北部などの限られた場所にしか分布していなかったが，第四紀*になって地球が寒冷化すると東アジアや北アメリカにおいて分布が拡大し種分化が進んだ．小型球果のカラマツ節と大型球果のナガミカラマツ節に分けられ，世界に10～15種が知られている．ユーラシア大陸には，ヨーロッパではアルプスなどの山岳地帯にヨーロッパカラマツ（*L. decidua*），ロシアでは西シベリアにシベリアカラマツ（*L. sibirica*）と東シベリアにダフリアカラマツ（エニセイ以東からレナ川流域のグメリニカラマツ（*L. gmelinii*），レナ川流域以東のカヤンデルカラマツ（*L. cajanderi*）とに分けられることもあるものを併せてよぶ総称），ヒマラヤ山脈周辺のネパールやブータンではヒマラヤカラマツ（*L. griffithiana*），中国南部ではトウカラマツ（*L. potaninii*）とシセンカラマツ（*L. mastersiana*）などがある．北アメリカにはアメリカカラマツ（*L. laricina*）が北部に，カラマツ属最大級の大きさに育つセイブカラマツ（*L. occidentalis*）とタカネカラマツ（*L. lyallii*）が西海岸に分布する．

　ダフリアカラマツ林はシベリアの広大な面積の永久凍土上に成り立つ森林である．中央シベリアから東シベリアでは降水量が200～300 mmと年間を通してわずかであるが，夏の間に融解する永久凍土の表層部分に保持された水分を利用するという微妙なバランスの上に成り立っている．中央シベリア～東シベリアでダフリアカラマツ以外の樹種が優占種となりえないのは，カラマツが厳しい環境条件に耐えられるように落葉性をもち，養分の利用効率が高いことなどの永久凍土地帯での優占を可能にする要因を備えているからだと考えられている．地球温暖化の影響を敏感に受けるのは，北半球の寒冷な高緯度地方であることから，カラマツを優占種とするシベリアタイガの生態系保全は地球規模での炭素循環の観点から世界の関心を集めている．

　球果はトウヒやツガなどのように下向きにつかず，不思議にも種子が落下しにくい上向きにつく．上向きにつく球果は，モミやヒマラヤスギとは異なり，軸から離れることなく宿存する．

　現在，国内にはカラマツ1種が分布するが，最終氷期以前にはダフリアカラマツの変種グイマツ（*L. gmelinii* var. *japonica*）が北海道と東北地方に分布していたことが花粉分析や化石球果の分布からわかっている．グイマツは現在，千島諸島とサハリンに分布する．自生地でのグイマツは成長が早く，樹高30mに達するが，北海道での植栽木はいずれも樹高が低い．これは，カラマツ属の樹高成長が日長の影響を強く受けるため，産地よりも低緯度に位置する場所では夏季の日長が短いため，自生地よりも早い時期に成長が停止するからだ．北海道東部では長野県産のカラマツが植栽されたが，そのカラマツの根元をエゾヤチネズミが好んでかじるため森造りが難しかった．一方，エゾヤチネズミはグイマツを好まない．そこで，グイマツとカラマツを交配させてできた雑種のうち，成長が速く幹がまっすぐに育つものが選ばれ，品種登録されている．北海道では道産針葉樹の育成に時間と経費がかかるので，生産林ではカラマツ雑種の植林が適してい

●1　カラマツ属の黄葉時期は樹種ごとに異なる（北海道富良野市，木佐貫博光撮影）

●2　ヨーロッパカラマツの雌球花（北海道富良野市，木佐貫博光撮影）

●4　カラマツ樹幹（埼玉県秩父市，木佐貫博光撮影）

●3　カラマツ球果（富士山御庭，木佐貫博光撮影）

キノコ 1

ハナイグチ（*Suillus grevillei*）

　アミタケ科アミタケ属．アミタケ属のように傘の裏が網目状になった帽菌類*の多くはイグチ科としてまとめられていたが，分子系統解析によってニセショウロ科やヒダハタケ科などの複数の科がイグチ科の系統中に含まれることが明らかになり，分類学的な再編が行われている．アミタケ科はショウロ科（25ページ）と近縁であり，ショウロのような腹菌形態から進化したものと考えられている（Binder & Hibbett 2006）．アミタケ科のキノコはいずれもマツ科樹木と共生する菌根菌*であり，それぞれの菌種の宿主範囲も狭いものが多い．ハナイグチはカラマツ属に特異的な菌根菌でそれ以外の樹下でみることはないが，培養菌糸を用いた接種実験を行うと他の樹種にも菌根をつくらせることができる．ただし，カラマツ属以外の樹種にできた菌根は機能的に完全なものではなく，宿主樹木への効果がどの程度あるのかはわかっていない．ハナイグチはカラマツ林内で比較的発生量の多いキノコで，おいしいキノコとして珍重される．北海道ではラクヨウ，信州ではジゴボウといった地方名でよばれることも多い．キノボリイグチとシロヌメリイグチもカラマツ林に特異的にみられる同属のキノコである．

　DNAを調べて，どこまでが一つのジェネット（クローン）なのかをハナイグチで調べた研究によると，最大で11 m離れたキノコまでが遺伝的に同一であったという（Zhou *et al.* 2000）．ハナイグチの発生した場所の地面を掘ると多数の菌根が観察される．しかし，発生した翌年になるとその場所ではほとんど菌根が見つからない．カラマツは地上部で葉を落とすのと同様に，地下部でも細根を毎年落としているのであろうか．いずれにせよ，カラマツ林の地下では細根の動態にあわせてハナイグチの菌根も少しずつ場所を変えながら生き残り，元は一つの小さなジェネットが遠く離れて分布するようになるのであろう．［奈良一秀］

●ハナイグチ（宮城県栗原市，安藤洋子氏撮影）

ショウロ（*Rhizopogon rubescens*）

　ショウロ科ショウロ属．ショウロ属のキノコは傘や柄がなくボールのような形をしている．最近までこのような形のキノコは「腹菌類*」としてまとめられ，傘や柄のある「帽菌類*」とまったく異なるグループとして扱われてきた．しかし，DNAによる系統解析によって，腹菌類はまったく系統の異なる菌の集まりで，それぞれは帽菌類の特定のグループと近縁であることがわかってきた．ショウロ科もオウギタケ科やアミタケ科などに近縁であることが明らかになったため，これらの系統分類群がアミタケ亜目（Suillineae）としてまとめられている（Binder & Hibbett 2006）．ショウロは海岸のクロマツ林などにみられるキノコで，通常は地中にキノコが形成される．キノコが成熟すると地表に現れることも多い．

　ショウロ属のキノコはいずれも菌根性であり，マツ科樹木と共生する．このため，ショウロ属の分布もマツ科樹木の分布と重なり，北半球に広く分布する．地上性の多くのキノコは風によって胞子を散布するが，地中にキノコを形成するショウロなどでは動物による胞子散布が重要である．ショウロ属の多くは成熟すると甘いにおいを発して動物を誘引する．シカやリスなどの糞の中には大量の胞子が検出され，新たな菌根を形成するための感染源となる（Ashkannejhad & Horton 2006）．また，ショウロの胞子の寿命は長く（おそらく10年以上），大量の胞子が土壌中に蓄積され（埋土胞子バンクともいう），山火事跡地などで他の菌種がいなくなった後にいち早く優占することが知られている（Baar *et al.* 1999）．植物の埋土種子の存在は広く知られているが，キノコでもそうした戦略をもつ種があるのは興味深い．

［奈良一秀］

●ショウロ（左：谷口雅仁氏，右：佐々木廣海氏撮影）

る．ネズミの食害を受けにくく木材生産と炭素固定に寄与することから，雑種カラマツの利用が望まれる．

●カラマツ（*Larix kaempferi*）

カラマツ（Japanese larch）は日本に分布する唯一の落葉針葉樹であり，落葉松ともよばれる．日本固有種で，中部山岳や富士山などの日当たりのよい場所に育つ陽樹である．最終氷期には本州の低地にも広く分布していたようだが，現在の分布は山地に限定されていて狭い．北限として隔離分布する福島県蔵王山系馬の神岳のわずか12個体は，最終氷期の名残りであろう．

1950年代後半からわが国の政策として押し進められた再造林（拡大造林）では，カラマツが成長が速いことから東北や北海道における主要な造林樹種として植林された．道東のササ地や湿地での造林地はパイロットフォレストとよばれ，木材生産の期待が高かったが，ネズミによる食害にあい成功していない．また，主要な病気にカラマツ先枯病があり，激害をもたらす．

落葉樹のため林内が明るく，黄葉が美しいため，人工林であるわりには好感をもたせる．開葉期と落葉期にはほのかな芳香を漂わせるのも好まれる．花は4月下旬から5月上旬にかけて咲き，薄緑色に赤色の混じった小さく可憐な球花をつけるが，その花言葉は豪放または傍若無人だという．

天然林で育ったカラマツの大径材は水湿に強く耐久性が高いため，建築材，造船材，土木材として重宝される．一方，人工林から生産される若くて細い木材は割裂やねじれが生じやすい．この欠点を克服するため，長野県などでは材どうしを接着した集成材が開発され，間伐材が有効に利用されている．

［木佐貫博光］

マツ属　マツ科

Pinus
Pine

マツ属は，約100種が北半球全域（南限は南半球の赤道直下）に分布しており，最も繁栄している属の一つである．

雌雄同株で雄花は黄色く，当年シュート*基部につく．雌花は小さな赤い松かさ状で樹冠*上部のシュート先端につく．春に開花，受粉した雌花は，胚珠内で受精が行われ，種子が成熟するまでに1年半かかり，翌年秋に開く．種子放出後もしばらくは枝についていることが多く，春には当年生の雌花，1年生の若い球果，すでに種子を放出した2年生の球果という3種類の松かさが観察できる．

枝には長枝と短枝とがあり，葉にも針葉と鱗片葉の2形がある．長枝は春先に芽が展開すると一気に伸長成長を行い，らせん状に茶褐色半透明の鱗片葉をつけ，その葉腋には短枝をつける．短枝は鱗片葉を数枚つけた後，1ないし5本の，種により決まった数の針葉をつけて成長を停止する．マツのシュートは春にのみ伸長し，伸長量（短枝数）は前年の気象条件によってあらかじめ決まっている．また，マツの冬芽は枝のシュート先端にのみまとまってつくことから，毎年，階段状に枝分かれすることになる．つまり，枝分かれのある節の数を数えれば年齢がわかる．

マツ属は，針葉の中央に維管束が2本ある複維管束亜属（Subgenus *Diploxylon*：マツ亜属 Subgenus *Pinus* ともいう）と，針葉の維管束が1本の単維管束亜属（Subgenus *Haploxylon*：ストロ

松原と海岸林

　マツは，日本人のくらしの中に，瑞祥の表れとして松竹梅の筆頭におかれ，親しまれてきた．松を冠する人名や地名をあげればきりがないが，海岸のクロマツ林は白砂青松と賞されてまことに美しい．名勝地の松原は，北は岩手県高田松原や宮城県松島から南は佐賀県虹の松原に至るまで，これも枚挙に暇がない．

　わが国の海岸林は，飛砂，強風，津波などの災害を軽減する目的で造成されてきており，貧栄養で潮風にさらされる海岸砂地という環境では，本州から九州まで原植生であるクロマツが最も優れている．わが国のクロマツ海岸林は江戸時代以降に造成されたものが多く，昔の松原が今日までそのままの姿をとどめているのはわずかにすぎない．このような名勝地のマツ林管理の最大の課題は，世界的な樹木の流行病として知られている松くい虫（マツ材線虫病*）被害対策である．

　2011年3月11日の東日本大震災（東北地方太平洋沖地震）をうけて，未曾有の津波によって岩手県・宮城県などの海岸林は壊滅し，新たな海岸防災林の造成が喫緊の課題となった．岩手県高田松原は江戸時代に造成された2kmに及ぶ海岸クロマツ林であったが，高さ10mをこえる津波被害をうけてたった1本のクロマツが生残しているのみという．次世代の海岸防災林としてのクロマツ林の再生を願うとともにこの歴史を刻むスーパーツリー遺伝子に関心が高い．

〔鈴木和夫〕

●津波によって流されなかった一本松
（岩手県陸前高田市，森林総合研究所提供）

ブ亜属 Subgenus *Strobus* ともいう）に分けられる．前者は針葉が短枝に2本（または3本）で木材はかたいことから二葉松類（hard pine）とよばれ，後者は，針葉が5本ずつ（1本や3本のものもある）で木材はやわらかいことから五葉松類（soft pine）とよばれる．二葉松類の若枝の樹皮には溝があるが，五葉松類の若枝は平滑である．

世界のマツ属の中で最も広い分布域をもつマツはヨーロッパアカマツ（Scots pine, *P. sylvestris*）で，ヨーロッパに広く分布し，林業上最も広く用いられている．

日本には7種のマツ類が分布している．二葉松類には，アカマツ（*P. densiflora*），クロマツ（*P. thunbergii*），リュウキュウマツ（*P. luchuensis*）の3種，五葉松類には，ゴヨウマツ（*P. parviflora*），チョウセンゴヨウ（*P. koraiensis*），ヤクタネゴヨウ（*P. armandi* var. *amamiana*），ハイマツ（*P. pumila*）の4種がある．

●アカマツ（*Pinus densiflora*）

アカマツは，本州，四国，九州，屋久島の暖温帯から山地帯に広く分布し，痩せ地や乾燥，過湿に耐える陽樹で，遷移初期に現れる先駆種*である．針葉がやわらかいことからメマツ（雌松）ともよばれる．冬芽は褐色の鱗片葉におおわれ，樹皮は若木の幹や木の上部の幹では赤褐色の薄紙状にはがれるが，成木の下部の幹では，亀甲状にひびわれる．樹皮が赤く目立つことからアカマツとよばれる．アカマツの材や花粉は古墳時代以降に多く出土することから，焼畑や森林伐採によって生育地が広がったと考えられている．マツ材は農家の梁に樹皮がついたまま用いられているほか，たいまつ（松明）としても使われた．庭園樹としても広く植えられている．近世から戦後まで，薪材や焚き付け，堆肥などとしてアカマツ林の落葉落枝が広く用いられたため，アカマツ林やアカマツを交えるコナラ林では常緑樹への遷移が進まず，各地で里山を代表する植生であった．東京大学の初代造林学教授で日比谷公園などの設計者としても有名な本多静六は，アカマツ林の隆盛は土地が痩せていることを示すものだとして「赤松亡国論」を唱えた．第二次大戦前後および1970年代の燃料革命後は，マツ林の手入れが行われなくなった結果，マツノザイセンチュウによる松枯れ（マツ材線虫病*）が蔓延した．現在では全国各地でマツ林の大量枯損が生じており，アカマツの根に共生する菌根菌*であるマツタケも希少なものとなってしまった．

●クロマツ（*Pinus thunbergii*）

クロマツは葉がかたいことからオマツ（雄松）ともよばれ，特に潮風に強いことから北海道南部から九州まで海岸林として広く自生または植栽されている．白い砂浜にクロマツの緑が映える風景は「白砂青松」として，マツ林をわたる風は「松籟」として愛でられ，能舞台にも大きく松の木が描かれている．しかし，材線虫病には感受性で，防風や飛砂，塩害防止に重要な役割を果たしている海岸クロマツ林をいかに保全するかが課題である．クロマツに似たリュウキュウマツも，沖縄諸島の平地から山地まで広く分布しているが，1975年の沖縄海洋博覧会に際して本土から材線虫病が持ち込まれて以来，大きな被害を受けている．クロマツはアカマツに比べて樹皮は黒味を帯び，冬芽は白い毛におおわれることで見分けられるが，アカマツとの雑種（アイノコマツ）とされる中間型も知られている．

●ハイマツ（*Pinus pumila*）

ハイマツは高山帯に分布する低木で，葉は濃い緑色で，枝は太く節くれだっている．球果は緑色を帯び，成熟しても鱗片が開かない．種子には翼がなく，球果が丸ごとホシガラスなどによっ

● 1　クロマツの雌花（白ヌキ矢印）と雄花（矢印）（千葉県千葉市，福田健二撮影）

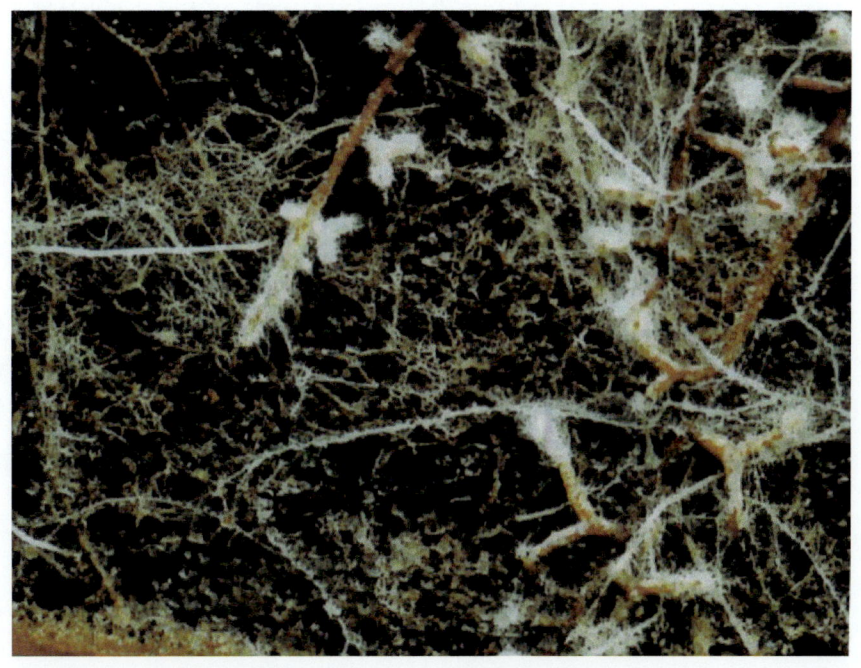

● 2　アカマツの菌根（東京都西東京市，市原優氏撮影）

て運ばれ，貯食されたものが発芽するため，数本の実生が高山の岩の隙間などからまとまって生えてくる．幹は水平に匍匐し，枝から発根して新たな個体となる(伏条更新).匍匐することによって厳冬期は雪に埋まり，寒さから保護されているが，風衝地では雪が積もらないために葉が吹雪によって痛めつけられ，乾燥，凍結したり，雪面からの反射で強光傷害を受けたりして，枝枯れをおこすことが多い．風当たり，積雪がともに少ない斜面では，幹が斜上して樹高数 m に達することがある．同じ五葉松類であるゴヨウマツは，西南日本のゴヨウマツと東北日本のヒメコマツ（キタゴヨウ）の 2 変種があり，いずれも山地の尾根などに土地的極相としてまとまって生育し，風衝地では低木状となる．庭木や盆栽としても賞用される．一方，チョウセンゴヨウ（チョウセンマツ）は高木で，耐陰性が高く中国大陸や朝鮮半島では森林の優占種となるが，日本では大陸的な気候を示す中部地方の亜高山帯にのみ単木状に分布する．種子は大きく，「松の実」として食用にされる．

［福田健二］

モミ属　マツ科

Abies
Fir

　モミ属樹木は，北半球の温帯から亜寒帯におよそ 50 種が分布している．ヨーロッパに分布するヨーロッパモミ（silver fir）や北アメリカのバルサムモミ（balsam fir）など，北方針葉樹林を代表する樹木が含まれており，森林資源としても重要な樹種が多い．日本にはモミ，ウラジロモミ，シラベ（シラビソ），アオモリトドマツ（オオシラビソ），トドマツの 5 種が分布する．同じマツ科の常緑針葉樹であるトウヒ属やツガ属の樹木と混同されることが多く，Tanne（独）の名称も古くはこれらの樹種の総称であったと考えられている．モミ属樹木の大きな特徴は，長さ数 cm の球果（松ぼっくり）が枝の上に直立していることで，ツガ属やトウヒ属の球果は枝にぶら下がるようにつくため，球果があれば容易に区別できる．

　一般に，モミ属の木材は，同じ北方針葉樹林を構成するマツ属やカラマツ属などと比較すると折れやすく腐りやすいため，柱のような耐久性を必要とする構造材に用いられることは少なく，内装材などに用いられる．このため，木材生産林として植林されることは少ない．ただし，クリスマスツリーとしてヨーロッパや北アメリカではヨーロッパモミやバルサムモミなどが用いられることが多い．そのため，日本でもよく似たシラベやトドマツなどが用いられることが多い．こうしたヨーロッパをイメージさせる樹種としてモミ属は認識されており，シラベやトドマツが庭園や公園に植栽される場合もある．一方，長野県の諏訪地方で行われる御柱祭ではウラジロモミが利用されている．諏訪神社の御柱祭とは，直径 1m をこえるようなウラジロモミの巨木の柱を神社の四方に曳き建てて祭るものである．モミ属は垂直にまっすぐ伸びた主幹と水平に伸びる枝が，整った円錐形の樹形をつくる．モミ属のこうした樹形の特性がクリスマスツリーや御柱として利用されている原因の一つであろう．

● **モミ**（*Abies firma*）

　モミは本州から四国・九州の暖温帯でシイ・カシ類などの常緑広葉樹などと混生している．他のモミ属樹木は冷温帯の比較的標高の高い山岳地に分布するため，標高 100 m に満たないような丘陵地にも生育するモミは古くから日本人にとって身近な樹木であった．木材はスギやヒノキと

●1　**モミの球果**（勝木俊雄撮影）．枝の上に直立している球果がモミ属の特徴．

●2　**モミの樹形**（勝木俊雄撮影）．直立する主幹と横に張り出す側枝がはっきりしている．

比較すると腐りやすいために建築材として用いられることは少ないが，色が白色で木目がきれいにそろっていることから，棺や卒塔婆のように腐ってもかまわない用途に用いられた．関東近辺の里山ではモミは伐採されることはあっても植林されることはなく，比較的自然度が高い天然林にだけ残されている．現在，神奈川県の丹沢山などではこうして残されたモミが立ち枯れている状態が問題視されている．酸性霧などの人為的な影響が原因となって立枯れが進んでいるという見方もあるが，山林に人手が入らなくなったことで台風などによって自然に枯れた木が目立っているだけとする見方もある．『万葉集』「臣の木（おみのき）」がモミの古名と考えられている．

●シラビソ（シラベ）(*Abies veitchii*)

　モミ属は一般に耐陰性が高く，樹冠*下の暗い林内でも稚樹は数年にわたって生存することが可能なため，次世代に更新する後継樹も同じ種だけとなり，モミ属の純林が何世代も継続して成立する場合がある．こうしたモミ属の極相林*の中でも，本州の中部山岳地域に分布するシラビソは「縞枯れ現象」という特徴をもつ森林を形成する．長野県の八ヶ岳の縞枯山の南斜面にはシラビソにオオシラビソが混じった純林が広がっており，斜面の下方に向かってシラビソが稚樹の段階から若木・成木・枯死木と連続的に樹齢が進んだ姿をみせる．同じ樹齢のシラビソが斜面に平行に並んでいるため，枯死した立枯木が帯状に連なっているようにみえる．こうした枯死木帯が数段あり，縞のようにみえることを縞枯れ現象（wave regeneration，波状更新）という．亜高山帯における森林の更新様式の一つとして知られている．

●トドマツ（*Abies sachalinensis*）

　トドマツは千島・サハリンから北海道に分布しており，学名はサハリン（Sakhalin）に由来する．北海道の森林に蓄積されている木材の1/4を占めて最も多く，エゾマツと並ぶ北海道の最も重要な樹種である．エゾマツのように構造材として使われることが少ないが，内装などの建築材やパルプ材として用いられている．そのため，北海道では長野県から導入されたカラマツが最も広く植林されているが，トドマツはアカエゾマツとともに北海道の郷土樹種として広く植林されている．なお，本来のトドマツとは，別種のオオシラビソ（アオモリトドマツ）に対する青森県の八甲田山付近の名称であった．青森から渡った人が北海道のトドマツを青森のオオシラビソと同じと考え，「トドマツ」とよんだ．しかし，本州のオオシラビソと北海道のトドマツは別種であることが明らかとなり，本州のものを「青森トドマツ」，北海道のものを樹皮の色から「赤トドマツ」あるいは「青トドマツ」とよんで区別した．その後，本州のものは青森県だけではなく中部山岳地域にも分布するので「オオシラビソ」，北海道のものは「赤」「青」がとれて「トドマツ」という和名が定着した．

［勝木俊雄］

トウヒ属　マツ科

Picea
Spruce

　トウヒ属樹木は，北半球の温帯から亜寒帯におよそ30種が分布している．ヨーロッパに分布するドイツトウヒ（Norway spruce）や北アメリカのカナダトウヒ（white spruce）など，北方林を構成する樹木が含まれる．北方林は北半球の亜寒帯に広がる森林帯で，世界の森林面積の1/3を

●1 縞枯山（長野県，岩本宏二郎氏撮影）．シラビソの純林に縞状に枯れている部分が見える．

●2 トドマツ人工林（北海道標茶，森林総合研究所提供）

占めているともいわれている．トウヒ属のほかマツ属やモミ属，カラマツ属などの針葉樹が北方林の主要な構成種である．トウヒ属の材質は一般にモミ属よりも堅く腐りにくいため柱など構造材として利用され，北方林に存在するトウヒ属の材は重要な木材資源となっている．特にドイツトウヒは，ヨーロッパ北部において最も広く植林されている造林樹種である．日本でも北海道ではアカエゾマツがカラマツに次いで広く植林されている．

　常緑で長さ2 cm程度の針葉をもつため，同じマツ科のモミ属と混同され，ドイツトウヒのことを「モミの木」とよぶ場合もある．日本でもハリモミやイラモミなどトウヒ属に「モミ」の名称がつけられている．しかし，トウヒ属は数cmの細長い球果（松ぼっくり）が枝先に垂れ下がることが大きな特徴であり，球果が直立するモミ属とは明確に区別される．和名は「唐檜」に由来するが，中国語ではトウヒ類は雲杉と表記する．カラマツ（唐松）と同様に，唐の絵図にみられる樹木に由来する名称と思われる．

　日本にはエゾマツ，アカエゾマツ，ハリモミ，イラモミ，ヤツガタケトウヒ，ヒメバラモミの6種が分布する．北海道ではエゾマツとアカエゾマツが広範囲に分布するが，残りの4種はいずれも分布域が小さい．特にヤツガタケトウヒとヒメバラモミの2種は，母樹数が数千個体と少ないことから，国の絶滅危惧植物としてリストされている．現在この2種は秩父山地西部から八ヶ岳南部・南アルプス北西部にかけてのきわめて狭い範囲に分布しているが，2種ともにおよそ1万年前の最終氷期には東日本に広く分布していた．現在の温暖な気候の中で分布域が縮小した，氷河期の遺存種*であると考えられている．また，アカエゾマツは樺太南部と北海道に広く分布するが，岩手県の早池峰山にも離れて分布する．早池峰山のアカエゾマツは1960年に発見されたもので，開花可能と考えられる胸高直径20 cm以上の個体は60本しか残されていない小さな集団である．もともとアカエゾマツも最終氷期には東北地方に広く分布していたが，温暖化によって大部分が絶滅し，早池峰山だけに細々と残されたと考えられている．

● **エゾマツ**（*Picea jezoensis*）

　エゾマツはカムチャッカ半島からサハリン・北海道・本州・朝鮮半島・沿海州と日本海の周辺に分布する．エゾマツの和名は北海道の古名である蝦夷に由来する．本州に分布するものはエゾマツの変種のトウヒ（var. *hondoensis*）として区別されている．エゾマツとトウヒは針葉の横断面が扁平である点で，横断面が菱形である日本産の他のトウヒ属樹木と区別される．北海道の森林ではトドマツとともに安定した状態の極相林*を構成する代表的な郷土樹種である．またトドマツと比較すると，木材は堅く腐りにくいため，柱などの構造材や家具材，楽器材などに利用されるきわめて重要な木材資源である．土壌養分に対する要求度が低く浅根性のためやせ地にも耐えて生育するので古くから植林されてきたが，霜害や暗色雪腐病*，エゾマツカサアブラムシなどの被害によって植林の失敗が相次いだため，なかなか人工林は広がっていない．天然林での伐採は続いているので，北海道に蓄積されているエゾマツの材積はこの50年間で半減したと考えられている．現在では，植林の育成技術が確立してきたことから，木材生産の目的だけではなく，地域の生態系の保全の目的でも，エゾマツ植林の増加が期待されている．

［勝木俊雄］

トウヒ属

●1　エゾマツの樹形（勝木俊雄撮影）．モミ属と同様に主幹と側枝がはっきりしている．

●2　トウヒの葉と雄花（勝木俊雄撮影）．トウヒの葉は裏側が白い．

ツガ属　マツ科

Tsuga
Hemlock

　ツガ属樹木は，北アメリカと東アジアの温帯から亜寒帯に9種が分布している．北アメリカ西部に分布するアメリカツガ（western hemlock）と北アメリカ東部に分布するカナダツガ（eastern hemlock）は最大で胸高直径2 m，樹高70 mにも達する巨木となり，建築材やパルプ材として利用されるほか，庭園樹としても植栽される．なお，「ベイツガ（米栂）」とはアメリカツガが木材として日本へ輸入されるときの名称である．同所的に出現することが多いことに加え，針葉の横断面が扁平で先端が凹むことがある常緑の針葉をもつことから，同じマツ科のモミ属の樹木とよく混同される．しかし，ツガ属の球果（松ぼっくり）は枝先に数年間ついたまま残る点でモミ属と明らかに異なる．日本にはツガとコメツガの2種が分布する．ツガの語源は不明であるが，古くは東日本で「つが」，西日本で「とが」とよばれた．江戸時代に日本でシーボルトが採取した標本をもとにツガ属の学名が記載されたことから，日本語の「つが」がそのまま属の学名となっている．

●ツガ（*Tsuga sieboldii*）

　ツガは本州から九州，鬱陵島（うつりょう）に分布する．暖温帯でモミと混生することが多く，モミ・ツガ林を形成する．モミ・ツガ林を構成する他の広葉樹はそれほど高くならないので，上層にモミとツガの樹冠*が突き出て，その下層にスダシイやウラジロガシなどの常緑広葉樹の樹冠層が広がる森林が形成される．モミ属の樹木と同様に，ツガも比較的耐陰性が高く，樹冠下の暗い環境でも稚樹は生育することが可能である．このため，モミ・ツガ林は安定した森林の姿である極相林*と考えられている．モミと比較すると木材は堅く腐りにくく，建築材や器具材・パルプ材などとして利用される．なお，本州中部から九州の亜高山帯に分布するコメツガは，ツガよりも標高が高い場所に生育し，本州中部だと標高1400 mぐらいでツガと入れかわる．このため，モミ属樹木とツガ属樹木の組み合わせは，標高が高くなるにしたがって，モミ・ツガ，ウラジロモミ・ツガ，ウラジロモミ・コメツガ，シラベ・コメツガへと変化していく．いずれの組み合わせもその環境での安定した森林の姿である．樹種によって生育可能な気温に差があるため，こうしたモミ属とツガ属の樹木の組み合わせに変化がみられる．

［勝木俊雄］

トガサワラ属　マツ科

Pseudotsuga
Douglas fir

　トガサワラ属は東アジアと北アメリカ西海岸に4種が分布する．ダグラスファー（Douglas fir）は樹高100 m，胸高直径5 mをこすような巨木に成長し，センペルセコイア（redwood）やギガントセコイア（gigant sequoia）などの針葉樹とともに北アメリカ西海岸の巨木林を形成する．この巨木林では，立木材積量が2000 m^3/ヘクタールと日本のスギ林の数倍で，世界でも有数の木材生産地となっている．ダグラスファーも木材として利用され，日本へもベイマツやオレゴンパイ

●1　ツガの球果（勝木俊雄撮影）．小さな球果が枝先にぶら下がっている．

●2　コメツガの球果（勝木俊雄撮影）．ツガと比べると小さい．

ン（Oregon pine）とよばれて輸入されている．ダグラスファーの生育地の4割はオレゴン州，2割はそれぞれワシントン州とブリティッシュコロンビア州にある．この巨木林がある北アメリカ西部は，トガサワラ属のほか，ヒノキ属やネズコ属など，東アジアと共通して分布する樹種が多い．これらいずれの針葉樹も新生代*の古第三紀*〜新第三紀*（およそ6500〜260万年前）に北極をとりまく周北極域に連続して分布していた温帯性針葉樹林の構成種であったと考えられている．その後の寒冷化に伴い分布域が南下したが，乾燥化した地域では絶滅し，温暖で湿潤な環境が保たれていた北アメリカ西部と東アジアにこれらの樹種が残されたと考えられる．なお，英名はダグラスファーを再発見したDavid Douglas氏の名前と葉がモミ（fir）に似ていることに由来する．属の学名は「偽ツガ（false hemlock）」の意味で，枝葉や球果の形態がツガ属に似ている．

● トガサワラ（*Pseudotsuga japonica*）

　トガサワラは紀伊半島と四国のみに分布する．個体数がきわめて少ないことから国の絶滅危惧植物に指定されている．トウヒ属のヤツガタケトウヒやヒメバラモミと同様に，地質時代に繁栄して現在は細々と生き残った「生きている化石」のひとつである．しかし，トウヒ属は氷期の寒冷で乾燥した気候に適応した北方林の樹種であることに対し，トガサワラは第三紀の温暖で湿潤な気候に適応した温帯性の樹種である点が異なる．そのため，トガサワラは，年間降水量が3000 mmをこえる紀伊半島と四国という日本でも有数の多雨地域に生き延びた．そして，ダグラスファーほどではないが，三重県熊野市には胸高直径2 m近いトガサワラの巨木も存在する．こうした巨木になる性質も第三紀に繁栄した温帯性針葉樹林の様子を現在に伝えていると思われる．和名は針葉や球果の形態がツガに，木材の性質がサワラに似ていることに由来する．

［勝木俊雄］

● トガサワラの枝葉（奈良県川上村三ノ公，勝木俊雄撮影）

スギ科 Taxodiaceae
Redwood family

　スギ科樹木は，中生代*ジュラ紀*（約 2 億年前）に出現して，新生代*第三紀にかけて分布域を広げて繁栄したと考えられている．目立った形態変化や種分化をすることもなく「生きている化石」として存在している．現存しない種が化石で多数発見されているが，現存する種は，タスマニア島に分布するタスマニアスギ 1 属を除けば，その他の 8 属は東アジア（スギ，タイワンスギ，スイショウ，コウヨウザン，メタセコイア）と北アメリカ（ヌマスギ，セコイア，セコイアデンドロン）に分布している．それぞれの属に含まれる樹種数は少なく，大半が単独種である．地理的に隔離分布しているだけでなく，形態的にも大きな違いがあり，針葉樹で落葉する樹木はまれだが，メタセコイア・スイショウ・ヌマスギは落葉である．わが国にはスギ属スギ（Japanese red cedar）1 種が分布している．

　葉は，針形か鱗片状で，枝にらせん状につくのが特徴だが，メタセコイアでは対生する．今日，スギ科とヒノキ科の分類が大きく変わろうとしている．これまではスギ科は独立した科であったが多くの異論がとなえられて，葉や鱗片の特徴からメタセコイア属を中間の独立科とする，材構造や化学成分からスギ科を亜科とする，さらにスギ科とヒノキ科を一つの科とする，などの諸説があった．近年，葉緑体 DNA の塩基配列情報から推定された分子系統樹では，両者はまとまってヒノキ科とされ，スギ科の名称は消える運命にある．この広義のヒノキ科は，30 属約 140 種で構成され，針葉樹ではマツ科に次ぐ大きな科となる．

　メタセコイア属・セコイアデンドロン属・セコイア属の 3 属（それぞれ 1 種）は樹皮や心材の色からレッドウッド（redwood）とよばれる．メタセコイアは落葉樹で中国中部に，セコイアデンドロン・セコイアは常緑樹で北アメリカ西部に分布する．メタセコイアは，1941 年に三木茂によって化石から命名された樹種（dawn redwood，アケボノスギ）であるが，1945 年に中国揚子江支流に生育していることが確認されて，「生きている化石」として有名になった．樹形が美しく早く成長することから，その後，ボストン・アーノルド樹木園からの種子によって世界の温帯各地に広く植栽されている．

　科名 Taxodiaceae は，スギ科の基準属*がヌマスギ（落羽松，taxodium）であったことに由来し，葉がイチイ科イチイ属イチイ（taxus）に似ている意．なお，北米材市場でベイスギとよばれる樹種はヒノキ科ネズコ属樹種（*Thuja plicata*）で，木材がスギ材の代替品として用いられることに由来する．また，レバノンの国旗に用いられているレバノンスギ（*Cedrus libani*）はマツ科ヒマラヤスギ属樹種で近縁ではない．

　杉の漢字は，その旁から，あやの意で色彩や光沢のあることを示す．スギは，幹が直立している（直木）の意で，世界で最も高い樹木はカリフォルニアのセコイアで 111 m の記録がある．一方，いままで最も巨大な生物として知られているのは，カリフォルニアのセコイアデンドロンで樹高 99 m，直径 9 m，樹齢 3500 年，重さ 5500 トンと推定された．なお，現在は，世界最大の生物としてナラタケの一種であるキノコが，1 個体で 15 ヘクタール，10 トン，寿命 1500 年とイギリスのネイチャー誌で紹介されている．

〔白石　進・鈴木和夫〕

スギ属 スギ科

Cryptomeria
Japanese Red Ceder

●スギ（*Cryptomeria japonica*）

　スギ（cryptomeria）は1属1種，日本の固有種だが，中国ではこのスギ（柳杉）を独立種とし，別の学名（*C. fortunei*）を与えている．

　約2万年前の最終氷期の最寒冷期には，ごく限られた地域（レフュジア*）に生き残り，その後の温暖化に伴って，縄文時代には分布を拡大し北上した．この時代の遺跡からはスギの丸木船や柱などが出土する．弥生時代には，稲作の伝播により，畔や水路の矢板や杭として使われ，奈良平城京から発掘された木簡など，古代の遺跡からはスギ材が大量に発見され，古くから日本人，日本文化に深くかかわっていたことを知ることができる．

　秋田杉，魚梁瀬杉，屋久杉をはじめとして多くの天然林があったが，今日ではその多くが減少している．屋久杉には，樹齢が2000年以上の巨木が多数存在し，なかでも縄文杉は，幹まわり約16 m，樹高約25 mと，世界的にみても最大級である．推定樹齢は2000年から7200年とさまざまで，数本の個体が合わさった合体木ではないかといわれている．屋久島では樹齢1000年以下のものは小杉とよぶ．

　スギは，ウラスギとオモテスギに大別される．ウラスギは，日本海側の冬期多湿地域に生育し，耐陰性が強く，下枝が枯れ上がりにくいのが特徴で，そのため雪の重みで下枝が下垂し，地面に触れたところから発根して更新する現象（伏条更新）がみられる．一方，オモテスギは，太平洋側の夏期多湿地域に分布する．

　スギは，ヒノキやマツにくらべ土地に対する要求度が強く，「尾根マツ，谷スギ，中ヒノキ」といわれるように，沢に近く，有機質に富み，湿潤で深い土壌でよく生育する．

　スギ材は中心部（心材）と周辺部（辺材）の色が異なり，心材が赤みを帯びたものと，黒いものがあり，前者を赤心，後者を黒心とよぶ．赤心のスギは見た目が美しいことから好まれる．一方，黒心は心材の含水率が高く，乾燥が難しいなど利用上の問題があるものの，材の耐朽性は高い．

　建築では，木目と色艶のいい無節の材が高値で取引きされてきた．京都北山の磨き丸太は，独特の品種を株立てして仕立て，1本100万円の床柱もあった．このような天然しぼの床柱は工芸品である．

　奈良県吉野地方は，灘，伏見などで造られる日本酒の樽材（樽丸）の生産で繁栄し，樽作りには樹齢70年をこえるスギが使われる．赤み（心材）と白み（辺材）の境目の部分を甲付材といい，最高級の酒樽はこの甲付材だけでつくられる．杉樽は日本酒に香りをつけるためになくてはならない．また，葉を直径40 cmほどの球形に束ねた杉玉が造り酒屋の軒下に飾られ新酒ができたことを知らせる．

　わが国のスギの林は全国の人工造林面積1000万ヘクタールの半分近くを占めている．スギの林業品種は，地域品種（天然品種）で24品種，栽培品種（人為品種）で約110品種がある．スギには多くの園芸品種があり，庭園樹，公園樹などとして利用される．成長期のスギの葉は緑色で，冬期には褐変する．これは，真っ赤なイチイの実と同じ赤い色素（ロドキサンチン）が葉で合成されるためで，ミドリスギではこの色素がつくられず冬も緑色を保つ．また，オウゴン（黄金）スギは，春に黄白色の新芽をつける．ほとんどの形質は母親と父親から遺伝するが，この黄

●1 スギ（福田健二撮影）

●2 スギの品種林（東京大学演習林，福田健二撮影）

●3 スギ雄花（勝木俊雄撮影）

白葉は父親からのみ子に伝わる．このような遺伝現象を父性遺伝といい，樹木ではスギで最初に発見された．

　和名は，幹が通直であることから，直木（まっすぐな木）から転じたとされている．学名の*Cryptomeria*は，種子が隠れていることからギリシャ語のcryptos（隠れた）とmeris（部分）に由来する．なお，中国の杉はスギ科コウヨウザン（広葉杉）をさし，スギには柳杉が用いられる．

[白石　進]

コウヤマキ属 コウヤマキ科

Sciadopitys
Japanese Umbrella Pine

●コウヤマキ（*Sciadopitys verticillata*）

　コウヤマキは1科1属1種の樹木で日本特産である．コウヤマキ科の特徴である2つの針葉が癒着した葉の化石は中生代*ジュラ紀*に現れて，過去には北半球全域に分布しており，白亜紀*後半にはコウヤマキ属数種の化石が見つかっており多様であったことがうかがえる．新生代*古第三紀*の初めにはヨーロッパの地層から褐炭となって出土されるが，新第三紀*には姿を消して，現在日本にのみ生き残ったと考えられている．

　高さ30m，胸高直径1mになる．長枝と短枝があり，枝に輪生する短枝の先端に2つの針葉が合着して一つになった特徴的な葉がついている．樹冠*は円錐形で，世界的に優れた造園木として賞賛され，本多静六はヒマラヤスギ（Himalayan cedar）[注1]，ナンヨウスギ（hoop pine）[注2]と並んで世界の三大庭園樹と名づけた．

　コウヤマキは木曽の五木（ヒノキ，サワラ，ネズコ，アスナロ，コウヤマキ）の一つで，材は耐久性，耐水性に優れていて，建築材，舟材，桶類などに用いられる．

　和名は和歌山県高野山に多いことに由来し，高野山ではスギ，ヒノキ，モミ，ツガ，アカマツとともに高野の六木の一つで，霊木とされている．日本で古くにマキといわれたのはコウヤマキを指し，ホンマキやママキなどとよばれて，マキ科イヌマキと区別している．　　　　［鈴木和夫］

注1：ヒマラヤスギ（*Cedrus deodara*）：マツ科ヒマラヤスギ属樹木はヒマラヤから地中海にわたって分布する．種小名はインドヒンドゥー語でDeva（神）＋daru（森）に由来し，神の木の意味で，わが国には明治初年に持ち込まれて植栽された．

注2：ナンヨウスギ（*Araucaria cunninghamii*）：ナンヨウスギ科ナンヨウスギ属樹木は中生代*に出現した現生樹木の中で最も古い樹種の一つで，生きている化石とよぶにふさわしい．太平洋を囲む南半球の大陸や島々を中心に分布する針葉樹で，明治時代にわが国に持ち込まれた．和名は南半球に分布しスギに似た葉をつけることに由来する．

コウヤマキ属

● 1 コウヤマキ（宮崎県，福田健二撮影）

● 2 ナンヨウスギ（福田健二撮影）

● 3 コウヤマキを図案化した切手
（1993年，第15回国際植物科学会議・記念切手）

ヒノキ科 Cupressaceaee
Cypress family

　ヒノキ科樹木は，北半球と南半球に広く分布し，化石は中生代*白亜紀*の後半（約8000万年前）以降のものしかないことから，スギ科から分かれた新しい分類群と考えられ，21属百数十種が含まれる．分類はおもに球果の形状や鱗片状の葉の形態に基づいて行われるが，DNAによる分子系統樹の解析から北半球と南半球のグループは独自の進化をたどったものと推測される．北半球に11属約120種が，大陸間にまたがって分布している．最大の属は赤道から北極まで分布するネズミサシ属（juniper）約60種であり高い多様性を示し，次いでイトスギ属（cypress）22種．南半球に10属約40種が分布するが，分布域は狭く，それぞれの地域で遺存的に生き残ったものと考えられる．オーストラリアの乾燥地に生育する一見モクマオウに似るマオウヒバ属（cypress pine）15種が最大の属である．

　葉は小さく十字に対生するか輪生し，多くは鱗片状で針葉状のものもある．わが国には，球果が裂開せず葉が針形状あるいは鱗片状のネズミサシ属と，球果が熟すと裂開して葉が鱗片状のヒノキ属（false cypress）・ネズコ属（arborvitae）・アスナロ属（hiba）の4属，9種が分布している．

　英名hibaとよばれるアスナロ属はわが国の固有種で，化石はグリーンランドの新生代*第三紀層から出る．林業的にヒバとよぶ場合には南北両型があり，おもに東北地方に分布するものが北方系で変種ヒノキアスナロを指し，本州～九州に広く分布するものが南方系でアスナロを指す．林業上の価値としては両者がほとんど違わないことから使い分けに混乱があることも多い．青森のヒバ林，秋田のスギ林，木曽のヒノキ林は日本三大美林とされる（アスナロ属参照）．木曽地方では森林の保護を目的として，ヒノキ，サワラ，ネズコ（クロベ），アスナロ，コウヤマキの五木を留め木（伐ることを禁止された木）とした．コウヤマキを除くといずれもヒノキ科樹木である．クロベは心材がくすんだ色をして他に比べると有用性が劣るが，他のヒノキ類に似ていることから誤伐の言い訳を封じるために追加されたとされる．

　科名Cupressaceaeは，基準属*であるイトスギ属（*Cupressus*）に由来し，英名cypressとしてヨーロッパで親しまれている．

［白石　進・鈴木和夫］

ヒノキ属　ヒノキ科
Chamaecyparis
False cypress

　ヒノキ属は北半球に分布し，日本と台湾，北アメリカ西部と南東部沿岸に生育する．日本にヒノキ（*C. obtusa*）とサワラ（*C. pisifera*）が，台湾にタイワンヒノキ（*C. obtusa* var. *formosana*）とベニヒ（*C. formosensis*）が，北アメリカにローソンヒノキ（*C. lawsoniana*）とヌマヒノキ（*C. thyoides*），アラスカヒノキ（*C. nootkatensis*）の6種1変種が分布する．その木材はいずれも良材で，建築材や家具材，工芸材料として，また，園芸品種は庭園樹として用いられるなど用途は非常に広い．鱗片状の葉が十字対生する，雌雄同株で雌花と雄花が異なる枝につく，球果の鱗片中央に突起がある，各鱗片に翼のある種子をつける，など共通の形態的特徴をもっている．

ヒノキ科

キノコ 3 広義のナラタケ（*Armillaria mellea* sensu lato）

　タマバリタケ科（Physalacriaceae）ナラタケ属（*Armillaria*）．キシメジ科やホウライタケ科の中に含められていたが，最新の研究ではタマバリタケ属などと近縁であることが示されている（Matheny *et al.* 2006）．同じナラタケとして扱われていた種の中にも，交配しない種が多数含まれることから，その系統分類についてさまざまな研究が行われてきた．その結果，現在は多くの種に細分されている．さまざまな樹木の切り株や倒木から発生する腐生菌*であるが，生立木に対しても強い侵入力を示し，ヒノキのほか，サクラ類，ナラ類，マツ類などの多くの樹木でナラタケ病による被害が報告されている．逆に，光合成をしない無葉ランであるツチアケビは，根の中に侵入したナラタケの菌糸から栄養を得ることで生きている．強い侵入力を獲得した菌とそれを利用する植物の存在は進化の奥深さを感じさせる．

　ナラタケは環境ストレスに強い根状菌糸束（菌糸が束になった黒い針金のようなもの）を形成し，その生息域を年々広げることができる．アメリカのある広葉樹林の例では，広さ15ヘクタールにわたって根状菌糸束が広がり，そこから発生したナラタケがすべて遺伝的に同一であったという（Smith *et al.* 1992）．その重さは土の中の根状菌糸束だけで10トン，根の中に侵入した菌糸まで推定すると100トンにもなり，「世界最大の生物」として話題にあがった．この報告当時とくらべて現在の解析技術ははるかに進歩し，人間の親子鑑定にも用いられる精度の高いDNAマーカーがキノコの個体識別にも利用されるようになった．そうした最新の研究手法によって，この世界最大の生物は複数の個体の集合体と訂正される可能性もある．

［奈良一秀］

●**ナラタケ**（左：谷口雅仁氏，右：佐々木廣海氏撮影）

台湾のタイワンヒノキはヒノキの変種とされるが，独立した種（C. taiwanensis）として分類されることもある．良質な材であるためヒノキの代替品として用いられる．ベニヒは台湾の温帯林における主要樹種で，純林または混交林を形成する．
　北アメリカ西部太平洋沿岸に生育するローソンヒノキ（C. lawsoniana）は高さ約60 m，直径約2 mにも達するほどの大高木となり，北アメリカでは最も価値の高い木材の一つとされ，わが国の木材市場ではベイヒ（米檜）とよばれ，ヒノキの代替材として用いられる．上野公園にある有名な「グラントヒノキ」はローソンヒノキで，アメリカ南北戦争で北軍を勝利に導いたグラント将軍（第18代アメリカ大統領）が1879年（明治12年）に来日したときに植えたもので，樹齢は約130年．なお，記念碑の碑文は，当時の財界の大御所であった渋沢栄一が記した．
　属名のChamaecyparisは，ギリシャ語のchamai（矮小の）とKyparissos（イトスギ）に由来し，イトスギにくらべて球果が小さいことからつけられた．ちなみに，ヒノキ属樹種は英名ではニセイトスギ（false cypress）とよばれる．

● ヒノキ（*Chamaecyparis obtusa*）

　ヒノキは福島県から鹿児島県屋久島にかけて分布し，本州中部以南から四国，九州にかけて広く植栽され，スギ同様，わが国の最も重要な林業樹種である．
　『日本書紀』には，日本にはよい木材がないことを嘆いた素戔嗚尊が自分の髭，眉毛，胸毛，尻毛を抜いてまくと，それらが杉，楠，檜，柀（槇）になったと書かれている．さらに，スギとクスは船に，ヒノキは宮殿に，マキは棺にと，その使い道までが書かれている．現存する世界最古の木造建築である法隆寺，20年ごとに遷宮を繰り返す伊勢神宮，奈良時代のタイムカプセルである正倉院など，多くの神社仏閣がヒノキで造られている．ヒノキの材は，材質にムラがなく，特有の芳香と光沢があり，加工もしやすい世界的にも優良な材で，奈良時代以降の仏像の多くはヒノキで彫られてきた．また，神社の屋根にはヒノキの樹皮を何層にも積み重ねて葺く「檜皮葺」の伝統技術が使われていて，これに使われる樹皮（表皮のみ）は，立木の状態ではがされ利用される．さらに，仏像，家具，漆器木地，曲げ物などに広く使われる．また，クジャクヒバ，イトシバ，カナアミヒバなど園芸品種も多く，庭園樹や生け花（切り葉）として利用されている．
　江戸時代，尾張藩は乱伐により荒廃した森林を再生させるために，木曽で「木一本，首一つ」といわれる厳しい留山（伐採を禁じた山）制度を行った．伐採が禁止された樹種（停止木）は5樹種で，これを木曽五木といい，民謡木曽節に唄われるヒノキ，サワラ，ネズコ（別名，クロベ），アスナロ（ヒバ），コウヤマキで，コウヤマキ以外はすべてヒノキ科である．木曽のヒノキ林（長野県木曽川流域）は，秋田のスギ林（秋田県米代川流域），青森のヒバ林（下北・津軽半島）とともに，日本の三大美林の一つになっている．
　ヒノキの林業品種は3品種あり，枝は細く心材は菫色のホンピ（京都系），枝は太く心材は赤褐色のサクラヒ（高野系），九州阿蘇地方で挿し木苗で造林されてきたナンゴウヒがある．
　檜の漢字は，その旁から，ぴったりとする意で，檜舞台として知られているように，わが国最高の建築材とされる．和名のヒノキは「火の木」や「日（最高のものを表す）の木」に由来するといわれ，前者は，材に精油成分を含み，摩擦すると発火しやすいことから火おこしに利用されたことに由来するとされる．学名のobtusaは，鈍頭の意味で，葉先がサワラに比べて円味を帯び，鈍形であることから名づけられた．

●1 ヒノキ（伊豆，森林総合研究所提供）

●2 ヒノキの球果（勝木俊雄撮影）

● **サワラ**（*Chamaecyparis pisifera*）

岩手県以南の本州と九州に分布し，ヒノキよりは寒地を好む．両者は，葉や球果の形から容易に識別でき，ヒノキの葉の裏面にはY字形の白色境界線（気孔条）があるのに対し，サワラはX字形である．また，サワラはヒノキに比べて球果が小さい．

芳香族化合物トロポノイドは，ヒノキ科に特有の成分とされ，この中で，抗菌，殺菌，消炎，育毛などの生理活性物質として期待されているのが，タイワンヒノキの材から最初に発見されたヒノキチオールである．天然のヒノキチオールは，ヒノキには存在しないため（近年の高性能機器分析により微量の存在が確認されている），青森ヒバ（アスナロの変種，ヒノキアスナロ *Thujopsis dolabrata* var. *hondae*）からつくられている． 〔白石　進〕

ネズコ属　ヒノキ科
Thuja
Arbor-vitae

ネズコ属樹木は，東アジアと北アメリカの温帯から亜寒帯に6種分布する．ヒノキ属やアスナロ属と同じ対生する平らな鱗片状葉をもつが，球果の3～6対ある種鱗の背面に突起がないことが特徴である．北アメリカ東部に分布するニオイヒバ（northern white cedar）は挿し木で容易に繁殖できることもあって，造園用樹種として北アメリカでは広く用いられている．また北アメリカ西部に分布するアメリカネズコ（western red cedar）は70 m以上にも成長する高木で，材は耐久性に優れており建築材などに用いられる．日本にも「米杉（べいすぎ）」として輸入されている．日本にはネズコ1種が分布するほか，中国原産のコノテガシワ（oriental arbor-vitae）が広く栽培されている．成長は遅いものの乾燥や貧栄養に耐えるので，現在の日本では植え込み用の低木として用いられることが多く，大木はあまり目にしない．なお，属の学名はギリシャ語の「香をたく」という意味の tuia に由来するといわれている．英名の arbor-vitae は「生命（vitae）の木（arbor）」という意味で，16世紀にフランスの探検隊が北アメリカで壊血病に悩まされたときにニオイヒバの葉をしぼって飲んだところ治ったという故事に由来する．

● **ネズコ**（*Thuja standishii*）

ネズコ（クロベ）は本州の東北から中部，紀伊半島，四国の山地帯から亜高山帯に分布する．ヒノキやアスナロと比較すると，葉の裏面にある気孔帯があまり白くならないことが特徴．標高2000 m近い尾根や岩石地など悪環境下でも生育する．最大で胸高直径1 m，樹高35 mに達し，木材は耐久性が優れることから建築材に用い，重要な林業樹種とされる．江戸時代には木曽ではヒノキ・サワラ・アスナロ・コウヤマキとともに「木曽の五木」に数えられ，木材生産の目的で禁伐とされた．ネズコの語源は心材がねずみ色であることに由来し，クロベの語源は「黒檜」で，葉の裏面がアスナロほど白くなくやや黒いことに由来する． 〔勝木俊雄〕

ビャクシン *Juniperus chinensis*
―ビャクシン属　ヒノキ科

ビャクシン（イブキ）は本州から九州，朝鮮半島，中国北部に分布する．日本では海岸沿いだけに点在していることから，中国から渡来したとの説もある．ビャクシンの語源は「柏槙 ハク

ネズコ属

●1 サワラ（勝木俊雄撮影）

●2 ネズコ（勝木俊雄撮影）

●3 ビャクシン（勝木俊雄撮影）

49

シン」に由来するが，中国語では「円柏」あるいは「檜」と表記する．中国語で「柏」とは，ヒノキ科の樹木を広く表す言葉であり，古代中国の周王朝時代から，社稷や宗廟に植える神聖な樹木のことであった．孔子廟にも孔子お手植えの「柏」があったと伝えられており，その「柏」とはビャクシンだと考えられている．そのため，日本でも寺院を中心に老大木がある．香川県土庄町にある「宝生院のシンパク」は最も太い幹の周囲が7.3 mもあり，国の天然記念物に指定されている．ふつうのビャクシンは高さ10 mをこえる高木となるが，変種のミヤマビャクシン（var. *sargentii*）やハイビャクシン（var. *procumbes*）は匍匐する低木である．栽培品種の'貝塚伊吹'は枝がねじれた形状になるもので，庭園樹としてよく（庭木や生垣として）用いられている．

［勝木俊雄］

アスナロ属　ヒノキ科

Thujopsis
Hiba arbor-vitae

　アスナロ属は，ヒノキ科に属する日本固有属で，アスナロと変種ヒノキアスナロからなる．
　学名の *Thujopsis* は，ネズコ属（*Thuja*）に似たものという意味である．種小名の *dolabrata* は「斧のような」という意味で，ヒノキ科で最大の鱗片葉に由来する．和名のアスナロは，俗に「明日はヒノキになろう＝あすなろう」が転じたものといわれ，『枕草子』にもそのような記述があるが，「アス」の語源は「厚葉」「悪し」「あて材」などの諸説あり，筆者は「厚葉ヒノキ」，「厚葉ナロ」がいちばん説得力があるように思う．「ナロ」はサワラの地方名である．漢字の「明日」「翌」「当」はいずれも「アス」「アテ」という音への当て字であろう．余談だが，『あすなろ物語』を著した井上靖の生家がある伊豆地方では，「アスナロ」とはイヌマキやラカンマキの地方名である．
　アスナロ属は，ネズコ属やヒノキ属に似て鱗片葉が十字対生して枝に裏表があるが，他のヒノキ科樹種よりもはるかに葉が大きい．球果の鱗片（果鱗）は6〜8個で，それぞれに3〜5個の種子がつく．北海道南部から九州まで分布する．

●アスナロ（*Thujopsis dolabrata*）

　アスナロは，東北地方から鹿児島県の高隈山まで分布し，球果は鱗片の先端が突出して反り返る．木曽五木（ヒノキ，サワラ，ネズコ，アスナロ，コウヤマキ）は「枝一本腕一本，木一本首一つ」（盗伐は死罪）として江戸時代に幕府から保護されてきた．他の樹種よりも耐陰性が高く，木曽ではヒノキ林の下層にアスナロが多く出現することから，木曽ヒノキの択伐林*は放置すればアスナロ林に移行すると考えられている．
　変種ヒノキアスナロ（*T. dolabrata* var. *hondai*）は，北海道渡島半島から本州北部，佐渡に分布し，葉はアスナロよりもやや小ぶりで，球果は丸くて角状の突起はほとんどない．多雪地では下枝から容易に発根して栄養繁殖（伏条更新）を行う．ヒノキアスナロは青森ではヒバとよばれ，青森ヒバ林は，木曽ヒノキ林，秋田スギ林とともに日本三大美林と称される．青森ヒバ林は，江戸時代から保護され，択伐が行われてきた．一方，石川県能登地方ではヒノキアスナロをアテとよび，主要な造林樹種となっているが，輪島市門前町には「元祖アテ」と称される個体がある．これは，津軽藩の禁を犯してひそかに持ち出されたヒバで，能登の地でよく生育したので，「当てた」という意味で「アテ」とよんだといわれるが，上記のとおり俗説であろう．能登にはマアテ，クサ

●1 木曽赤沢自然休養林（福田健二撮影）
上層木はヒノキ，下層木はアスナロである．

●2 ヒノキアスナロの球果（新潟県佐渡，福田健二撮影）

●3 ヒノキアスナロの天狗巣病（石川県，福田健二撮影）

アテ，カナアテなどの品種がある．

　ヒバやアテの材は他地域ではあまり流通していないが，特有の香気があり「総ヒバ作りの家には蚊が入らない」ともいわれる．平泉中尊寺の建築材にもヒバが用いられている．

　ヒノキアスナロ，アスナロともに耐陰性が高く挿し木も可能で，造林は容易であるが，青森県や石川県のヒバやアテの造林地では，しばしば「ヒノキ漏脂病*」の被害がみられる．漏脂病は多雪・寒冷地のヒノキとヒノキアスナロに多くみられ，立地・気象因子と菌類とが関与する複合病害である．内樹皮に傷害樹脂道*が多数形成され樹脂が幹表面に溢れ出る．さらに形成層が壊死して樹幹が変形する．また，アスナロやヒノキアスナロの葉には天狗巣病がしばしばみられるが，これは異種寄生性のさび菌の感染によるもので，釘の頭のように変形した先端部からはオレンジ色のさび胞子を放出され，カバノキ類の葉に感染する．発病したカバノキ類の葉に形成された胞子がふたたびアスナロに感染して被害が拡大する．

［福田健二］

マキ属 マキ科

Podocarpus
Podocarp

　マキ属は常緑の針葉樹で，およそ100種がアフリカ・東南アジア・南アメリカの熱帯を中心に分布している．マキ科は，7属140種ほどがおもに南半球を中心に分布していて，日本にはマキ属のみが分布している．マツ科やスギ科のような球果（松ぼっくり）をつくらず，サクランボのような果肉をもった実をつけることが特徴である．この実は被子植物のように子房が発達したものではなく，種子は雌花の鱗片が肥大した套皮（とうひ）とよばれるものにおおわれている．葉も被子植物にみられるような幅広い形をもつ樹種も多く，いわゆる針葉樹にはみえないが，花の構造を詳細に観察すると子房をもたない裸子植物の仲間ということがわかる．「マキ」の語源は古く，『古事記』にも記述されているほどで，「真の木」に由来するといわれている．しかし古い時代の「マキ」が現在のイヌマキのことであったかについては異論があり，建築用材に用いたコウヤマキやスギ，カヤなどの針葉樹をすべて「マキ」と称したという説もある．日本にはイヌマキとナギの2種が分布している．

●イヌマキ（*Podocarpus macrophyllus*）

　イヌマキは本州の房総半島から四国，九州，台湾，中国南部に分布する．最大で直径50 cm，樹高20 mに達し，材は樹脂成分を多く含みシロアリに強いことから，沖縄では建築材として用いられている．また生け垣など造園樹種としても古くから用いられており，葉が細くて小さい'羅漢槇（らかんまき）'を代表とする栽培品種は多い．緑色の套皮におおわれた種子の基部に赤い花床が膨らむことが特徴で，赤く熟した花床は甘く，子どもが遊びながら食べるものである．ただし，緑色の套皮の部分は有毒である．和名は葉が似ているコウヤマキに対応した名称と考えられている．

［勝木俊雄］

●1　生け垣に使われているイヌマキ（勝木俊雄撮影）

●2　イヌマキの実（勝木俊雄撮影）

イチイ属 イチイ科

Taxus
Yew

　イチイ科は北半球に4属，南半球に1属が分布している．針葉樹ではあっても球果をつけずに，1つの胚珠が頂生することが特徴である．このためイチイ科のみをイチイ目あるいはイチイ綱として他の針葉樹類と区別することもある．日本にはイチイ属とカヤ属の2属が分布する．ヨーロッパに分布するセイヨウイチイ（English yew）は寒冷地の造園樹種として広く利用されている．特にイギリスではセイヨウイチイを墓地に植える習慣があり，身近な樹木である．イチイ属の実は種子が赤い液質の仮種皮*におおわれることが特徴である．この赤い仮種皮は甘く子どものおやつ程度の食用になるが，その中にある種子にはタキシン（taxine）という猛毒のアルカロイドが含まれている．タキシンは属名 *Taxus* に由来する言葉であるが，英語の毒（toxin）も *Taxus* に由来すると考えられているほどであり，数粒を食べただけで死に至る．このため，仮種皮を食べようとして間違って種子まで食べ，中毒をおこす事故が後を絶たない．「イチイ」の語源は，かつてイチイから笏（しゃく）を作り正一位の官位を授かったことに由来すると伝えられている．

●イチイ（*Taxus cuspidata*）

　日本にはイチイ（オンコ・アララギ）1種のみが分布していて，異名の多い木である．イチイは北海道から九州，朝鮮半島・中国北部・ロシア極東部に分布する．日本海側に分布するものは低木性で幹が地をはう樹形となり，変種キャラボク（var. *nana*）として区別される．胸高直径1 m，樹高20 mに達し，材質は緻密で粘りがあり，きわめて優良とされる．建築材の中でも天井板や床板に使われるほか，工芸材としても用いられる．そのため，現在でも重要な林業樹種として植林されている．また生け垣として植栽されているので目にすることが多い．同じイチイ科のカヤと違って，葉の先端はやわらかいので触っても痛くないことが特徴である．　　　　［勝木俊雄］

カヤ属 イチイ科

Torreya
Torreya

　カヤ属樹木は，北アメリカと東アジアに7種が分布する．同じイチイ科のイチイ属樹木とは，イチイ属の種子が赤い仮種皮*に部分的におおわれることに対し，カヤ属の種子は緑色の仮種皮に完全に包まれる点が異なる．雌雄異株．北アメリカに分布するアメリカガヤ（California torreya）とフロリダガヤ（Florida torreya）の2種はそれぞれカリフォルニア州とフロリダ州の一部に分布するだけで，木材資源として利用されることは少ない．中国にはシナガヤ（Chinese torreya）を含む3種が分布しているが，北アメリカと同様にその分布域は小さい．トガサワラ属やヒノキ属と同様の温帯性針葉樹林の構成種の一つである．中国ではシナガヤを「香榧」や「榧樹」，「野杉」と表記し，日本でもそのままカヤ属の樹木は「榧」と表記する．カヤ属の種子は脂肪油を多く含有し，生食できるほか，種子から油をとり，食用油や灯火油として利用された．シナガヤの種子のことを漢方薬では「榧子」と称し，寄生虫や小児の夜尿症の治療に用いた．

●1　イチイの実（勝木俊雄撮影）　　　●2　カヤの実（勝木俊雄撮影）

●カヤ（*Torreya nucifera*）

　日本にはカヤ1種のみがあり，本州から九州，済州島に分布している．イチイとキャラボクの関係と同じように，日本海側には低木性の変種であるチャボガヤ（var. *radicans*）が分布している．材は油が多いことから，耐久性と耐湿性に優れており，建築材に用いられるほか，工芸材にも用いられる．特に碁盤の用材としてはカヤが最高級とされている．宮崎県綾など南九州のカヤの産地が名高い．適当な硬さで，碁石を置いて凹んでも，また元に戻る．理想的な碁盤をつくるには，直径1.5mをこえるような大木が必要である．現在ではそのような大木はまれなので，希少価値も含め，カヤの碁盤はきわめて高価となっている．最近の記録（1982年）では綾で出材した丸太が$1m^3$あたり1330万円で落札された．新カヤなどと称して売っているのはトウヒ属の樹木である．緑色の仮種皮の中にある種子はアーモンドのような形をしており，シナガヤと同様に食用となるほか，油や薬品としても利用される．群馬県富士見村（現在は前橋市に編入）の「横室の大カヤ」，埼玉県さいたま市の「与野の大カヤ」，静岡県浜北市の「北浜の大カヤノキ」，愛知県名古屋市の「名古屋城のカヤ」など国の天然記念物に指定されている巨木もある．この中で最も大きな木は「名古屋城のカヤ」で，周囲長810cmと直径3m近い．　　　　　　　　　　　　　[勝木俊雄]

ヤマモモ属 ヤマモモ科

Myrica

Wax myrtle

　ヤマモモ属の多くの樹種は，海岸地，砂地，岩石地，湿地といった特殊な環境に出現することから，進化系統的に新しい種群であり，生態的地位（ニッチ）の比較的新しいものと考えられている．放線菌*フランキア（*Frankia*）によって根粒*を形成し，これと共生している樹種が多い．ハンノキ，グミ，モクマオウなどの樹種もこの菌と共生し，窒素を得ている．このため土壌養分条件の悪いところでも生育することができる．

　ヤマモモ属は本科のほとんどを擁し，分布域は非常に広く，熱帯から寒帯に及んでいるが，多くは熱帯地域に生息している．日本には，暖地に分布するヤマモモ（*Myrica rubra*）と寒冷地のヤチヤナギ（*M. gole* var. *tomentosa*）の2種がある．

　学名の *Myrica* は，myrizein（ギリシャ語で「芳香」の意）をもった樹木（ギョリュウ（tamarisk）と思われる）のギリシャ名（myrike）に由来する．

●ヤマモモ（*Myrica rubra*）

　中国，日本の暖地を原産とし，日本では，房総半島南部から九州，南西諸島の暖帯林に分布する．深根性で適潤な土壌を好むが，海岸や低山の尾根など痩せ地でもよく生育する．大きなものは樹高20 m，直径1 mに達し，伊勢内宮には直径1 mの，外宮には1.4 mの大木がある．樹幹は直立で分枝性が強く，半球形のきれいな樹冠*をつくる．栄養分に乏しい土壌でも生育できることから，荒廃地の緑化樹，さらには街路樹，公園樹として利用される．

　雌雄異株で3〜4月に数珠状の小さな赤色の花をつけ，6〜7月には直径1〜2 cmの球形で表面に多数の多汁質の突起をもった暗紅紫色の果実をつける．シロヤマモモ（var. *alba*）のように白色に熟するものもある．果実には松脂臭がある．

　果実は甘酸っぱく，生でまたは煮て食べるほか，ジャム，ゼリー，塩漬け，砂糖漬け，果実酒（楊梅酒），酢の原料となる．採果用の品種改良が高知，徳島，和歌山で行われ，亀蔵，瑞光，阿波錦など20品種ほどが栽培されている．高知，徳島両県の県花または県木はヤマモモである．

　樹皮はモモ皮，渋木とよばれ，タンニンに富んでいることから染料として用いられる．室町時代末期の剣術家吉岡憲法により考案され，江戸時代に大流行した憲法染め（吉岡染めともいい，黒茶色に発色する）は，これを鉄媒染したもの．また，鳶八丈，三宅丹後とよばれる鳶色（わずかに黒みを帯びた茶色）の染色には，ヤマモモとタブノキの生皮の煎じ汁と灰が使われている．沖縄の久米島紬には，ヤマモモの樹皮（ムムガー）などの植物染料が使われる．ヤマモモはタンニンのほかにも，ミリシトリン，ミリセチンなどのポリフェノールを含有することが知られていて，夏の土用のころに剥ぎ日干しされたものは楊梅皮とよばれ生薬（止瀉（下痢どめ）作用や消炎作用）となる．

　学名の *rubra* は「赤い」の意味で，成熟した果実が赤くなるのはアントシアン系色素が合成されるため．和名の語源は，たくさんの実がなることから「山百百」の名がつけられたが，やがて「山桃」に変化したとする説や，山に生え桃のように食べられる実がなる木であることから「山桃」となったとする説などがある．

〔白石　進〕

ヤマモモ属

●1　ヤマモモの若い実（勝木俊雄撮影）

●2　ヤマモモ（井上晋氏撮影）

57

クルミ属 クルミ科

Juglans
Walnut

　クルミ属の樹種は，世界に広く知られているが，原産地はすべて北半球である．ヨーロッパ西南部からアジア西部にわたる地域にはペルシャグルミ（別名セイヨウグルミ）とよばれるものがあり，これが一般にクルミとして食用にされる代表的なものである．アジアには，日本にオニグルミ，台湾にはタイワングルミが，中国東北部にはマンシュウグルミが分布する．食用としてはペルシャグルミが実も大きく，殻が薄くて割りやすいこともあって供給量も多く，その味を好む人が多い．クルミの果肉の成分は脂肪50〜60%，タンパク質15〜30%で，ビタミンB1を含み，全体に栄養価が高く，100グラムあたり692カロリーある．クルミをしぼってつくるクルミ油は食用のほか，強壮剤，咳止めなどの薬用，さらに油絵具に使う．

　中国ではクルミを山胡桃あるいは胡桃と書く．漢字の胡桃は，胡（中国の北方や西方に住む遊牧民族の総称）の国から渡ってきたからである．シルクロードを経てきた植物に，しばしば「胡」の字が当てられる．イランからヨーロッパ東南部にかけて自生するペルシャグルミは，旧石器時代から新石器時代に移行するころの南フランスの洞窟から化石がでていることでもわかるように，地中海付近では古い時代から食用にされていた．このペルシャグルミは料理や菓子に使われ，数多くの変種がある．18世紀後半に日本でも栽培が始まったとされるテウチグルミはその変種で，現在，長野県をはじめ東北地方の各県で栽培されている．

　クルミにまつわる各国の風習も多く，ローマ人は，結婚式のとき多産を祈ってペルシャグルミの実を投げた．また，ヨーロッパ諸国では魔女や魔物はクルミの木の下に集まるといわれ，イタリアではこの木を「魔女の木」とよんで，その木陰で眠ることを嫌った．クルミをはさんで割る道具がクルミ割りで，この道具の頭の部分に人形の首と胴をつけた欧州の民芸品が胡桃割人形だ．チャイコフスキー作曲『胡桃割人形』は有名．これは「クリスマスの前夜，胡桃割人形をもらった女の子が，ネズミの大軍と，オモチャの王様胡桃割人形との戦争の夢をみるが，これに勝った胡桃割人形が，王子になって女の子をお菓子の国へ連れて行く」というホフマンのクリスマス童話『胡桃割人形と鼠の王様』をもとにしている．

●オニグルミ（*Juglans ailanthifolia*）

　オニグルミは日本の代表種で，各地の川岸や，湿った平地に多い．葉は奇数羽状複葉，花は5〜6月に長い穂のようにつく．これに秋，実がなるわけだが，通常，実といって食用にしている部分は核の中にある仁，つまり梅干の種を割ると現れる白い天神様の部分に相当するものだ．多くの油分とタンパク質を含み，きわめて優良な食品となるわけで，肉食の習慣が薄かった日本ではそのまま食べてもよし，油として使うもよしとして重用されてきた．東北地方や中部地方にはこれを使った菓子や餅が多い．オニグルミのオニ（鬼）は実の核面のでこぼこが著しく，かたくてなかなか割りくいためという．

　オニグルミは，建築，家具，機械用材として用途が広い．材質はやわらかく，丈夫で，肌ざわりもよい．堅くて変形しない材質から，どこの国でも昔は銃床すなわち小銃の台として用いられた．日本では，銃床としてはオニグルミにかわる材はないという．そのため兵営をはじめ，学校や病院などにしばしば植樹が行われた．そして戦争のたびに，それが伐られた．戦時中にさんざ

● 1　オニグルミ果実（北海道南富良野町，梶幹男撮影）

● 2　オニグルミの果実とアカネズミの食痕（梶幹男撮影）

ん伐りつくされたので，今では大きいものはほとんどみられなくなった．最近では高級家具や額縁などに利用されている．

　日本ではクルミのことを「帰りくる身」といって縁起をかつぎ，旅に出る前に食べたりした．実も重要だが，クルミの果皮は後には黒くなるが，最初のうちは青い．その液汁は黒色の染料になり，いわゆる草木染に使われた．もう一つの使い方としては魚を採る毒流しの材料にもした．オニグルミは，アイヌ名をネシコという．オニグルミの実には，悪霊を追い払う効能があると信じられ，クマ送りの儀式や家の新築祝いには，かならずクルミまきをした．このクルミの実をこげるほど火にあぶったのを，水にしばらくひたした液は，咳止めに効くという．　　　［梶　幹男］

サワグルミ属 クルミ科

Pterocarya
Wingnut

　サワグルミ属は，東アジアに7種と中央アジアに1種が冷温帯から亜熱帯にかけて分布する．属名はギリシャ語の翼（pteron）と果実（karuya）に由来．新生代*古第三紀*（6500万年～2300万年前）には北アメリカ西部，ヨーロッパ，シベリアを含むより広い地域に分布が広がっていたが，古第三紀末から第四紀*（260万年前～）にかけての気候変化に伴って各地で絶滅していった．日本にはサワグルミ1種が自生する．中国中北部原産のシナサワグルミは，2000年前から材を利用したといわれる．同種は中国では楓楊とよばれ，成長が早く乾燥にも強いため，日本でも都市の街路樹や公園樹に利用されている．日本には1882年（明治15年）に最初の渡来したといわれる．

● **サワグルミ**（*Pterocarya rhoifolia*）

　サワグルミは，葉は奇数羽状複葉で枝先に集まってつき，その先に長い柄のある冬芽が形成される．小葉の数は15枚前後．雄花と雌花は尾状花序で垂れ下がる．1つの果序に20～30個の果実をつけ，その両側には翼がある．

　サワグルミの名は沢に生えるクルミの意味で，カワグルミともよぶ．クルミといっても食用になるようないわゆる「クルミ」の実はならず，1つの果実（堅果）は直径8 mmほどの小さなものである．また，長く垂れ下がる総に果実がつくようすから，藤グルミの名もある．

　サワグルミは造園にはあまり用いられないため，公園など街路で目にすることはほとんどない，なじみの薄い木かもしれない．しかし，ブナの生育する山地の川沿いには普通にみられる樹種の一つである．日本海側の山地ではしばしば純林を形成する．太平洋側ではトチノキ，カツラ，シオジ，チドリノキ，サワシバなどと混じって渓畔林の主要構成種となる．渓畔林の中では，風倒木などによって生じた明るい場所に芽生えた実生が勢いよく成長する，いわゆる先駆的性格の強い木である．

　サワグルミは，広葉樹のうちでは材が軽く，白色材の代表的なもので，切削や加工性はすこぶる容易であるが，変色，腐朽が入りやすく，また割れやすい欠点がある．かつてキリの代用として下駄材にさかんに使われた．また，マッチの軸木，経木，杓子などに利用された．樹皮が強靭なことから，これから皮箕をつくり雨合羽として用いたり，山小屋の屋根を葺くのに使ったりした．成長が早いことから，荒廃地を復旧するための治山用の植樹にも用いられた．

［梶　幹男］

● 2　サワグルミ（勝木俊雄撮影）

ヤナギ科 Salicaceae
Willow family

　ヤナギ科樹木などの落葉広葉樹は，中生代*白亜紀*の終わりに温帯地域に分布を広め，新生代*には北極を取り巻く形で第三紀周極植物群*として広く分布した．オーストラレーシアを除く世界各地でみられるが，特に北半球温帯地域に多い．ヤナギ科樹木は，花が単純なつくりのため被子植物の中でも最も原始的な植物と考えられていた．確かに，雄しべや雌しべだけがむきだしで並んでいるだけで花びらもないために花という言葉がそぐわない．しかし，こうした単純な花の形態も美しい花びらのある虫媒花から派生したことが明らかにされている．また，雄しべが減少していることや木材の構造が複雑なことなどからもより進化した植物と考えられ，分類学上の位置が検討されてきた．世界に数属400種以上が知られている．DNAを用いた系統解析の結果や，ヤナギ科に特有の含有成分であるサリシン（属名から命名された）がイイギリ科でも発見されたことなどから，ヤナギ科にイイギリ科の多くの属を含めて55属1000種とする考え方もある．

　ヤナギ科樹木はヤマナラシ類（poplar）とヤナギ類（willow）の2つの系統に分けられる．ヤマナラシ類は，枝の先に頂芽*をもち側芽*は数個の鱗片に包まれるもので，花は完全な風媒花で，ヤマナラシ1属約100種がある．ヤナギ類は，頂芽をもたないために仮軸的に分枝し，側芽は合着して1枚となった鱗片に包まれる．蜜腺のある虫媒花のヤナギ属，オオバヤナギ属と蜜腺のない風媒花のケショウヤナギ属に分けて，約400種がある．わが国には，ヤマナラシ属，ヤナギ属，オオバヤナギ属，ケショウヤナギ属の4属39種が分布している．

　雌雄異株で，成熟した雌個体にはたくさんの綿毛のついた種子が実り，風に乗ってあるいは昆虫の媒介によって遠くまで運ばれる．種子は1mm前後と小さく貯蔵養分が少ないため自然状態の生存期間はせいぜい1週間程度と短いが，明るい場所では適度の水分があればただちに発芽することができる．成長が速いため，洪水の発生地（流水による破壊を受ける河川沿いにはヤナギ科樹種を中心とした河辺林ができる），地すべり地，崩壊地，林道の法面など開けた場所にいち早く定着する先駆樹種である．

　ヤマナラシの仲間は，ポプラとよばれてわが国には明治初年に導入され，成長が速いことから第二次世界大戦後マッチの軸木やパルプ利用の目的で広く植栽され改良が試みられた．しかし，根の張りが浅いため台風に弱く，また葉さび病など病害に弱いことなどから林業的には衰退し，1970年代の安価なライターの出現によって姿を消した．ヤナギ科樹種はさまざまな環境条件下で生育しているので，中国黄土高原の乾燥した気候下に生育する旱柳や新疆楊などは乾燥地緑化などに用いられている．

　科（属）名 *Salix* は，sal（塩）＋lix（水）に由来し，水辺に多いことを指す．

　柳の漢字は，その旁（卯は留の省略形）から，垂れ下がる意で，しだれ柳の意を表している．一方，ヤマナラシは，山鳴らしの意で，ヤマナラシの葉の葉柄は長く扁平なため風に揺れてそよ風の音を出すことから名づけられたが，英名でもアメリカヤマナラシ（quaking aspen）は quaking（揺れる）という形容が用いられている．わが国では材が白色で箱をつくるために用いられるので，ハコヤナギ（箱柳）ともよばれる．*Populus* 属樹種は，英語名では poplar, aspen, cottonwood などとよばれる．

〔奈良一秀・鈴木和夫〕

ヤマナラシ属 ヤナギ科

Populus
Poplar

　ヤマナラシ属の樹木は長い葉柄をもち，葉がわずかな風でもサワサワと音を立てて踊る．これを表現するため，ラテン語の *Populus*（震える）が学名としてつけられたという．和名のヤマナラシというのも，風で葉がサワサワと騒ぐことからから，こうよばれるようになったといわれる．この属の樹木を総称する英語として poplar が用いられるが，綿毛に包まれた種子から cottonwood（綿の木）の呼称も一般的である．確かに春から初夏にかけて飛ぶポプラの綿毛は壮観であるが，呼吸器系のアレルギーをひきおこしやすく，国内外で問題となっている．

　ヤマナラシ属は，ヤナギ属と同様に雑種を形成しやすく，種の定義が難しい．一般的には，世界で 30〜40 種があるとされている．東アフリカの 1 種を除けば，すべて北半球に分布している．ヨーロッパでは農村や街路樹として植えられることも多く，風景を彩るとともに人々によく知られる樹木である．これを反映して神話にも多く登場する．ほうきをひっくり返したような独特の樹形は，ゼウスが下された神罰のためであるとか，イエス・キリストの血を浴びて恐れおののいたためと語り伝えられている．

　ポプラ（セイヨウハコヤナギ）は成長が速く，枝が直立して樹は円柱ろうそく状，ヨーロッパでは古くより植栽され，人々に利用されてきた．18 世紀にアメリカから華麗な三角形葉をもつデルトイポプラが導入されると，雑種をつくりやすいこの属の特性から天然交雑が進むとともに，数多くの栽培品種が作り出された．第二次世界大戦中にイタリアで作り出された品種はいわゆるイタリアポプラとして広く世界で植栽されるようになった．その後も世界各地で育種が行われ，中国では中北部から乾燥地にかけて，最も植栽されている樹木の一つである．

　日本にも，欧米の品種がいくつか導入され，街路樹や庭園樹として植栽され，ポプラとして親しまれている．特に北海道では，数多くのポプラが植栽されていて，独特の景観を作り出している．北海道大学のポプラ並木は全国的にも有名であるが，2004 年の台風で多くの木が被害を受けた．被害材からチェンバロをつくって演奏会を開催するなど，学内外の多数の人々がポプラ並木再生に尽力している．

　日本に分布するのは葉柄が扁平となるヤマナラシと扁平とはならないドロノキの 2 種がある．ドロノキの材は大変やわらかく，建築用材としては泥のように役に立たないため「泥の木」とよばれたことが和名の由来ともいわれる．北海道では川辺や湖畔の湿地によくみられる．

● ヤマナラシ（*Populus sieboldii*）

　ヤマナラシは，日当りのよい荒れ地に生える樹木で，まっすぐ伸びる幹は高さ 25 m に達する．根萌芽*の性質をもち，主幹が山火事や伐採によって失われると，地下に張り巡らされた根から多数のひこばえ*が地上に現れ，大きな集団を形成する．その成長は速い一方，防御物質が少ないのか葉の食害や幹の穿孔・腐朽などには弱く，寿命は短い．また，林床の暗い環境では生育できないため，次第に消失していく．

　ヤマナラシの材はやわらかく，建築用材としては不適で，マッチの軸木やパルプとして用いられることが多い．最近では，ウサギなどのペット用床材として，ヤマナラシのおがくずが利用されるという．

［奈良一秀］

ヤマナラシ属

● 1 ポプラ（奈良一秀撮影）
● 2 ヤマナラシの樹形（大台ケ谷，勝木俊雄撮影） 
● 3 ヤマナラシの枝葉（三重県津市，勝木俊雄撮影）

ヤナギ属 ヤナギ科

Salix
Willow

　ヤナギ属の学名である *Salix* は，ラテン語の Salire（跳ぶ）で成長の速さを表現したことが由来ともいわれている．確かに，冷温な環境では最も成長の速い樹木の一つであり，北欧諸国ではバイオマス燃料としての利用が盛んである．地上部を刈り取ってもたくさんひこばえが出てきて再生するために，バイオマス利用には最適である．解熱鎮痛剤として広く利用されるサリチル酸（salicylic acid）は，ヤナギの樹皮や葉に含まれるサリシン（salicin）の研究から始まったため，名づけられたという．一方，日本語の「ヤナギ」は，かつて弓矢の材料にしていたことから「矢の木」が由来といわれる．

　ヤナギ属は交雑種を形成しやすく，種の定義は難しいが，世界で約 350～450 種があるといわれている．アフリカと南アメリカ，熱帯アジアにそれぞれ 1 種が見つかっているのを除けば，すべて北半球の亜熱帯から寒帯にかけて分布している．樹木の中では最も寒い環境に適応した属であり，ロシアやアラスカなどの北極圏や，アルプスなどの森林限界*をこえた高山帯に生育する種も多い．日本でも，富士山の標高 2500 m 以上にみられるミヤマヤナギや，大雪山に分布するエゾマメヤナギは，樹高数 cm で地をはいながら生育するため，樹木にはとてもみえない．夏の短い生育期間は地表付近の暖かい環境をうまく利用するとともに，冬場の極寒の環境を薄い積雪の下に隠れるよう進化してきたのかもしれない．

　国内のヤナギは 30 種以上あり，いずれも早春の開葉前に花が咲く．川縁に多いネコヤナギは，雄花が銀白色のやわらかい毛でおおわれていて，ネコの尾にみえることから名づけられた．川辺には，カワヤナギ，イヌコリヤナギ，オノエヤナギ，シダレヤナギ，コゴメヤナギなど，多くのヤナギがみられる．ヤナギ属は比較的短命なものが多く巨木は少ないが，水辺での成長は速く，時に樹高 20m をこえる木もみられる．日本最大のヤナギは山形県戸沢村の最上川の肥沃な氾濫源にあるシロヤナギで幹周 7.7 m，樹高 22 m である．

　ヤナギ属の樹木はいずれもキノコと共生して菌根をつくる．このため，ヤナギの細根を掘りとって観察してみると，たくさんの菌根がみられる．共生するキノコは，ヤナギの生育環境を反映し，キツネタケ属やアセタケ属，ワカフサタケ属など先駆的な菌種が多い．

● **シダレヤナギ**（*Salix babylonica*）

　「柳に風」といわれるように，シダレヤナギは長く垂れたしなやかな枝が特徴的な樹木である．奈良時代に中国から日本に持ち込まれた樹木であるが，日本語で単に「ヤナギ」という場合，シダレヤナギを指すことが多いほど，日本の文化に深く浸透している．幽霊といえば柳がつきものであるが，これはシダレヤナギの枝葉が微風で揺れるのを幽霊と勘違いしたせいであろうか．「東京行進曲」で歌われる「銀座の柳」は，埋立地だった銀座に他の木が育たないため植えられたものが，名物として親しまれるようになったためという．また，垂れ下がるシダレヤナギの枝が微風にそよぐ風情は，女性的な美しさや優しさを連想させる．「柳腰」は細くてしなやかな女性の腰つき，「柳髪」は長く美しい女性の髪を，それぞれシダレヤナギの枝によって表現したものである．また，「柳眉」は女性の細く美しい眉をシダレヤナギの細長い葉で形容したものという．欧米でも，ヤナギの英語名 willow を形容詞化した willowy は「女性がすらっとしてしなやかな」

という意味で用いられる．

　水気の多い場所を好み，川辺や水路沿いなどに数多く植栽されている．日本の水辺といえばシダレヤナギが頭に浮かぶ人も多いであろう．河原などでは植栽木以外にも自然に定着した個体もみられる．日本で植栽されるシダレヤナギは雄株がほとんどなので，種子で自然定着しているとは考えにくい．優れた萌芽特性で挿し木も容易なことから，上流で折れた枝が流れてきて定着しているのかもしれない．水辺を好む一方，乾燥にも強く，都会の街路樹や公園樹としてもみられる．奈良や京都，江戸の都を彩る樹木だったようで，シダレヤナギの芽吹きは春の風物として，『万葉集』などにも数多く登場する．

[奈良一秀]

●シダレヤナギ（東京都台東区，福田健二撮影）

キノコ 4

キツネタケ（*Laccaria laccata*）

　ヒドナンギウム科キツネタケ属．以前はキシメジ科に含まれていたが，DNA情報による系統解析によって，ユーカリ林の地中にできるジャガイモのような腹菌類*であるヒドナンギウム属（*Hydnangium*）に近縁であることが明らかとなった．いずれも鋭いトゲのある丸い胞子をもっているのが特徴である．キツネタケは宿主範囲の広い菌根菌*のためさまざまな樹木の下にみられ，全世界的に分布している（Kropp & Mueller 1999）．裸地にもいち早く侵入し，菌根菌の遷移系列で最も早くに出現する菌種である（Nara *et al.* 2003）．このため，先駆的性質をもつヤナギの下では優占することもある．

　地上に発生したキノコによって種は識別できても，どこからどこまでが遺伝的に同一な個体（ジェネット）なのかは識別できない．キツネタケのジェネットをDNAマーカーによって調べると，それぞれのジェネットの端から端までの距離はせいぜい30 cm程度で，最も大きいものでも1 m程度であった．ジェネットの構成も毎年大きく入れ替わっていた．地中の菌糸の栄養繁殖よって年々成長するならば，マツタケのシロのように，遺伝的に同一の大きなジェネットがみられるはずである．キツネタケの場合は，胞子によって短命なジェネットをどんどんつくっていく繁殖戦略なのだ．実際に胞子の発芽率も菌根菌としては突出して高く，宿主の根の存在下で20%をこえる．その上，小さな盆栽や当年生実生と共生していても子実体*の形成が行われるほど胞子散布を頻繁に行う．樹木でいえば，短命で小柄だが多くの種子を次々に散布するヤナギと共通する点が多い．

［奈良一秀］

● キツネタケ（富士山5合目，奈良一秀撮影）

カバノキ科 Betulaceae
Birch family

　カバノキ科樹木は，北半球の温帯に広く分布し，ヤナギ科・ブナ科などにみられる尾状花序（枝上における花の配列状態で，特に雄花序が動物の尾に似ることからその名がある）をつけて下垂し，早春の葉を展開する前に開花する．主としてヨーロッパ，北アメリカ，アジアの北半球の温帯を中心に6属150種以上が分布し，多くの種がブナ科樹木と同様に人々の暮らしの中に溶け込んでいる．雌雄同株の風媒花で雄花だけに花被（葉の変形したもので萼と花冠の総称）のあるカバノキ類と雌花だけに花被のあるハシバミ類に分けられる．カバノキ類が古く8000万年前，ハシバミ類は新しく6000万～4000万年前の化石から出現している．カバノキ類（カバノキ属 birch，ハンノキ属 alder）は寒帯から熱帯の一部まで過湿な気候帯にも生育を拡大して環境に対して戦略的なグループといえ，ハシバミ類（クマシデ属 hornbeam，アサダ属 hop hornbeam，ハシバミ属 hazel）は湿潤気候帯に生育して環境に対して保守的なグループといえる．わが国に5属30種が分布している．

　わが国のカバノキ科を代表する樹木として，ウダイカンバ，シラカンバ，ダケカンバ，ミズメなどのカバノキ属樹木や，緑化木や肥料木として用いられるハンノキなどをあげることができる．カバノキ属樹木は，樹皮に特徴があり美しい景観を創出する．特に，幹の根元まで白いヨーロッパシラカンバ（white birch），種小名は垂れ下がるという意味で枝が垂れた形状のシダレカンバ（silver birch），原住民が樹皮でカヌーをつくったことから canoe birch とよばれるアメリカシラカンバ（paper birch）などは，樹皮が薄くはがれることが特徴である．わが国のウダイカンバは北海道の温帯林から亜寒帯林への移行帯である針広混交林の主要な構成樹種で，胸高直径1 mをこす巨木となり材質が優れ木材市場でマカバとよばれ賞用される．シラカンバはおもに山火事跡地にみられる典型的な二次林（山火事など何らかの原因で植生が攪乱された後に成立した二次遷移の途中にある森林）樹種で，およそ70～100年で他の樹種に遷移する．早春には樹幹から甘くさわやかな味のする樹液が溢れ出て，フィンランドでは飲料とすることから母なる樹とよんでいる．ダケカンバは，亜高山帯林を構成する広葉樹でシラカンバよりも高いところに生育する．樹木限界に純林を形成し，時に下降して温帯の尾根や岩石地などに姿をみせる土地的極相の一つになっている．ミズメは別名アズサといい，材質が強靭なため梓弓や道具の柄に用いられ，樹皮からはサロメチールのような香り（サリチル酸メチル）を発する．ハンノキ属樹木は，大気中の窒素を固定する能力があるフランキア属の放線菌*と共生し，根に根粒*を形成する．このため，養分の乏しい土地でも成長できて，道路の法面緑化や砂防造林に肥料木（根粒や根系から豊富な代謝物質を土壌に供給する樹木をいう）として用いられる．また，湿地に広くみられ，ハンノキ湿地林として知られている．

　ハシバミ属樹木は，ヘーゼル（セイヨウハシバミ）として親しまれている．実はクルミに似たナッツで，脂肪含有量が6割と高く，ケーキや菓子に利用され，経済的価値が高いため品種改良が行われている．世界における年間の生産量は80万トンをこえている．一方，ハシバミ属樹木はローム質土壌を好むことから，中国黄土高原にハシバミモドキが郷土樹種として自生していて，乾燥地の緑化樹としてその育種が期待される．

科（属）名 *Betula* は，ケルト語の呼び名 betu に由来する．
樺の木の漢字は，その旁から，美しいものの意で，樺はのちに白樺をいう．

［梶　幹男・鈴木和夫］

ハンノキ属　カバノキ科

Alnus
Alder

　ハンノキ属は北半球の温帯域を中心に広く分布していて，全世界で 30〜35 種がある．一部の種は南半球のアンデス山脈をつたってアルゼンチンまで分布している．低木や小径木ばかりで，巨木となることはない．日本には，ハンノキ，カワラハンノキ，ケヤマハンノキ，ミヤマハンノキ，ヒメヤシャブシ，オオバヤシャブシなど約 10 種が自生している．

　ハンノキ属の樹木は，氷河跡地や火山荒原などの荒れ地によくみられる樹木である．これは，ハンノキ属樹木がフランキア（*Frankia*）とよばれる放線菌*の一種と共生し，空中窒素を固定する根粒*をつくることと関係する．遷移の初期や荒れ地では土壌中の窒素養分が少なく，ほとんどの植物は生育できない．しかし，空中窒素を利用できる根粒植物は，窒素の乏しい土壌でも旺盛に生育できる．ハンノキ属樹木はいずれも冬に落葉するが，その落葉中には高い濃度の窒素が含まれ，他の植物にとって貴重な肥料となる．このため，ハンノキ属樹木が定着するとその後の植生回復は加速度的に進むという．このような優れたハンノキ属の能力は，林道の法面や土砂災害跡地などの緑化で活用されている．

　放線菌フランキアと共生して根粒をつくる植物は，グミ，ヤマモモ，モクマオウ，ドクウツギなど多くの科にまたがる．一方，リゾビウム属細菌によって形成される根粒はマメ科とニレ科樹木の一部にみられる．従来の分類体系では，こうした根粒植物はまったく異なるグループに属するため，根粒形成能力は異なる植物群で別々に起こった進化と考えられていた．しかし，DNA の系統解析を行ったところ，放線菌型根粒もマメ科根粒も，それを形成するすべての植物は真正バラ目 I 類の中の一つの系統にまとめられることが明らかにされた．つまり，放線菌や根粒菌と共生して根粒をつくるようになったのは，数億年の長い植物の進化の中でたった 1 度起こった奇跡とも考えられる．

　ハンノキ属は放線菌に加えて菌根菌*とも共生している．一般的に，樹木と共生する菌根菌は宿主範囲が広く，異なる科や属の樹木に共生できるものが多い．しかし，ハンノキ属に共生する菌根菌は，アルポバ属（*Alpova*）やヒメムサシタケ属（*Alnicola*）など，ハンノキ類にしかみられないものが多い．他の菌根性樹木は菌根菌に窒素養分のほとんどを依存しているが，ハンノキ類は窒素固定によってまかなうことができるため，特殊な菌根菌と共生するようになったのだろう．いずれにせよ，窒素は根粒菌から，その他の土壌養分は菌根菌から受け取るという，見事な三者共生を獲得した希有な樹木である．

●ヤシャブシ（*Alnus firma*）

　ヤシャブシは漢字で書くと「夜叉五倍子」である．五倍子（フシ）は，ヌルデの幹や枝葉にできる虫コブのことで，そこに含まれるタンニンが黒色の染料やお歯黒に使われてきた．ただ，フシは手に入れるのが困難でその代用品としてヤシャブシの果穂が使われたという．果穂のごわご

●1 ヤシャブシ（勝木俊雄撮影）

●2 ヤシャブシの根粒（奈良一秀撮影）

わした様子を夜叉（ヤシャ）と表現し，夜叉のような五倍子でヤシャブシというわけである．
　国内では，関東以南の本州太平洋側と四国や九州に分布する．崩壊地などの明るく，土壌が未発達な場所にいち早く侵入する先駆樹種であり，発達した林内で見かけることはほとんどない．
　ヤシャブシは，根粒の窒素固定により，窒素養分の乏しい土壌でも旺盛に成長することから，砂防緑化に広く利用される樹種である．ただ，大量のヤシャブシが造成地などに導入されたことにより，花粉症をひきおこすことが近年問題となっており，近畿地方ではせっかく育ったヤシャブシの除去が行われている．ヤシャブシ花粉症はスギやヒノキの花粉症よりも症状が重いことが多く，リンゴやモモなどの果実に対してもアレルギー反応を示すことがあるため注意が必要である．

［奈良一秀］

カバノキ属 カバノキ科

Betula
Birch

　カバノキ属の樹木は世界に約40種があり，もっぱら北半球の温帯から亜寒帯にかけて分布し，日本を含めてユーラシアそして北アメリカにもあることから，北極をめぐるすべての地方の人々が，特徴的な白い肌をもつこの仲間の樹を知っている．カンバ属の樹木の樹皮は油分を含んでいるためによく燃え，松明（たいまつ）用に使われるのは，日本だけではなくほとんど世界的な広がりをもつ．日本では，盛大な結婚式を華燭の典というが，「華」は樺のことを指し，華燭は樺の樹皮を松明にして明るくすることである．この樹皮で屋根を葺くのも，世界各地でみられるという．日本にはシラカンバ，ウダイカンバ，ダケカンバなどの高木とチチブミネバリ，アポイカンバなどの低木を含め11種がある．カバノキ属のなかでは，北欧，アイスランド，北アジア，グリーンランドにかけて広く分布するヨーロッパシラカンバと日本，朝鮮半島，中国，シベリアに広く分布するシラカンバは，ともに近縁で，美しい白い樹皮をもつカバノキ属の樹種としてよく知られている．イギリスではヨーロッパシラカンバを「森のレディー」とよぶ．

　フィンランドでは，市場で1mくらいのヨーロッパシラカンバの枝を束ねて売っている．フィンランドの風呂はサウナで，その中の水の入ったバケツに葉がついたシラカンバの枝が何本も入れてあり，汗がでるとこの枝でペタペタと体をたたく．ロシアの民芸品としてよく知られている入れ子人形のマトリョーシカはシラカンバ材でつくられている．

　1951年，北西ロシアの都市ノヴゴロドの中世居住地区の発掘現場から，シラカンバの樹皮に書かれた「白樺文書」の発見があった．シラカンバの幹からはぎとった樹皮の表面には，キリル文字による古代ロシア語が記されていた．白樺文書は11～15世紀に書かれたもので，今までに1000通あまりの文書が出土しており，ロシア中世史や文化史を研究するうえで，欠かせない史料の一つになっている．

　ヨーロッパの各地では，5月1日に春の訪れを祝う行事として五月祭（Mayfair）が開かれる．この日には，ヨーロッパシラカンバの葉や花で飾りつけた「五月の柱」（Maypole）を広場に立て，そのまわりを踊りながら回るという風習がある．

　ロシアでは，シラカンバの幹に寄生するチャーガ（*Fuscoporia obliqua*）とよばれるキノコを胃腸の調子が悪いときにお茶のようにして飲む風習がある．チャーガは，ソルジェニーツィンの『ガン病棟』にも登場し，ガンに効くとされる．このキノコはシラカンバのほか，ダケカンバやウダイカンバにも寄生し，日本ではカバノアナタケとよばれる．

●ダケカンバ（*Betula ermanii*）

　ダケカンバは，高さ20m，直径1mに達する高木であるが，森林限界*付近では低木状になる．樹皮は赤褐色または灰白褐色で，薄く紙状に横にはがれる．葉は三角状広卵形～三角状卵形，側脈は7～12対でシラカンバより多い．果穂は，シラカンバでは下垂するのに対して上向きにつく．北海道から本州の中部以北，紀伊半島，四国に分布する．

　ダケカンバはカバノキ属の中では，一般的に最も標高の高い場所に生える．中部山岳地帯ではふつう標高1500m以上の亜高山帯に多く生育し，単独で優占することもあるが，多くはコメツガやシラビソといった亜高山性針葉樹のなかに点々と混生する．北海道では低地から高海抜地ま

ベニテングタケ（*Amanita muscaria*）

　テングタケ科テングタケ属．テングタケ属のキノコはすべて樹木に共生する菌根菌*である．ベニテングタケには多くの亜種が記載されているほか，分子系統解析でも3つの異なる系統が存在することが明らかにされており（Oda *et al.* 2004），別種とすべきとの意見もある（Geml *et al.* 2006）．いずれにせよ，色鮮やかで大型のベニテングタケは実に見栄えがする．そのため，『不思議の国のアリス』をはじめ，世界中のさまざまな童話や絵本に登場するキノコである．おそらく世界中で最もよく知られているキノコであろう．

　テングタケ属のキノコの中には致死的な毒キノコも多く，ベニテングタケも毒キノコとして扱われている．しかし，ベニテングタケには幻覚作用があり，有史以前より各地で儀式などに用いられてきた．近年ヨーロッパでは薬物依存の若者がこのキノコを使用し，中毒になる例が多いという（Satora *et al.* 2005）．このキノコに含まれている毒素のすべてが特定されているわけではなく，呼吸困難や昏睡状態などの重い中毒症状になることもあるので注意が必要である．

　ベニテングタケはもともと北半球にのみ分布していたが，外来樹種の導入とともに南半球に持ち込まれ，南アフリカ，南アメリカ，オーストラリアなどでも広くみられるようになった．そうした地域ではマツなどの外来樹種とともに発生することが多い．ニュージーランドではナンキョクブナの森でも確認されるようになっており，在来の菌根菌群集を破壊するおそれがあると指摘されている（Orlovich & Cairney 2004）．植物や動物の移入種は各地の生態系で深刻な問題をひきおこしているが，同様の現象が菌根菌でも存在する点は興味深い．　　　　［奈良一秀］

●ベニテングタケ（宮城県蔵王町，上：安藤洋子氏，下左・下右：谷口雅仁氏撮影）

で広く生育する．大雪山系の亜高山帯下部ではエゾマツやアカエゾマツなどの針葉樹と混交するが，標高 1200 m 付近から森林限界付近にかけては単独で優占し，いわゆるダケカンバ帯をなすこともある．ダケカンバは，シラカンバと同様，陽光を好む樹種で，伐採跡地や山火事跡，雪崩道，山岳道路の法面（のり）などの開放地にいち早く侵入する性質をもっている．ただし，シラカンバよりも耐陰性があり，多少の日陰でも生育する能力がある．雪に対する抵抗性もあり，雪の影響で幹や枝が斜面下方向に曲がり，雪の上に突き出た部分からまっすぐに育っている樹形のものをみることがある．富士山の 5 合目あたりには，このような樹形の典型的なものが数多くみられる．カバノキ属の仲間の寿命は短いものが多いが，ダケカンバは長寿で 250 年は生きる．

　ダケカンバ材の多くは曲がっていたり，内部が空洞であったりすることが多く，ふつうチップ用にされる．形質のよい材は雑カバとよばれ，家具用材に使われる．「北海道民芸家具」の主材料は，北海道の厳しい自然が育て上げた樹齢 100 年以上のダケカンバの無垢（むく）である．

●ウダイカンバ（*Betula maximowicziana*）

　ウダイカンバは，高さ 20 m，直径 1 m に達する落葉高木．樹皮は灰白色または橙黄色で，紙状の薄片になって横にはがれる．葉は広卵形で，基部は心形にくびれ，長さ 8〜14 cm で日本のカバノキの仲間では最も大きい．若い葉にはビロード状軟毛があるが，成葉では無毛，側脈は 8〜13 対．花期は 5〜6 月，雌花序は短枝の先に 2〜4 個つき，秋に熟して下垂し，長円柱形での果穂となる．堅果は長さ 2〜3 mm，果体の 3〜4 倍の長さの翼をもつことから，種子は風によって広く散布される．福井・岐阜県以北の本州，北海道，南千島に分布し，本州中部では山地帯から亜高山帯に生育する．カバノキ属の仲間のほとんどは，日当たりのよい場所を好んで生育するいわゆる陽樹であり，溶岩やスコリアなどの火山地や山火事跡地などに一斉に芽生えて，優占林を形成する．ウダイカンバはシラカンバやダケカンバ同様に先駆的性格の強い樹種ではあるが，北海道の針広混交林地帯ではときに大径木になり，樹齢 250 年をこすものもある．ウダイカンバは，先駆種*としての性格と極相構成種としての性格を併せもつ樹種である．

　北海道では開拓当初，ミズナラと同様に邪魔（じゃま）もの扱いされていたが，木の質や色がサクラに似ているので「エゾザクラ」と称してサクラの代用の織機材に使われて，明治末ごろから大事にされだした．その後，建築用材として床板，敷居などに用いられた．もともと強靭な材だが，これを薄くはいで縦横何枚もはりあわせた強化木はことのほか強い．

　ウダイカンバは日本の代表的な散孔材*の一つで，淡紅褐色の心材をもち，外観と加工性に優れているので高級家具，壁板，天井板，建築造作用フローリング，器具などに賞用される．一般にウダイカンバはマカバともよばれるが，木材業界ではマカバ以外のシラカンバやダケカンバなどのカバ類を，すべて雑カバとして区別している．マカバと雑カバの値段は，時に 10 倍以上違う．マカバが高いのは，広葉樹のなかでは材が比較的やわらかく，ねばりと弾力があり，木目が細かくて音調が変化しにくいところから，楽器材としての利用価値も高い．このような特性をいかしてピアノのハンマーにはもっぱらマカバが使われる．とはいってもウダイカンバのすべての材がマカバとして扱われるわけではなく，大径で心材部の面積割合が大きく，赤味が強いものの評価が高く，銘木市などで高価なものは，1 m³ 300 万円以上の値段がつく．

　ウダイカバのウダイは鵜松明（う たいまつ）のことで，雨の中でもこの木はよく燃えて，火もちもよいことから，鵜飼のかがり火などに使われたことによる．

●1 森林限界付近のダケカンバ林（大雪山旭岳，梶幹男撮影）

●2 ダケカンバの樹形（北海道富良野市東京大学演習林，梶幹男撮影）

●3 シラカンバの樹皮（富良野市東京大学演習林，梶幹男撮影）

●シラカンバ（*Betula platyphylla*）

　シラカンバは，樹高 20 m，直径 1 m に達する落葉高木．樹皮は白色，紙質で薄く横にはがれる．葉は三角状広卵形，卵状ひし形，側脈はふつう 5～8 対．花期は 4～5 月，雌花序は短枝の先に単生し，果穂は円柱形で下垂する．堅果は長楕円状倒卵形で，果体の 1.5～2 倍の長さの翼をもつ．北海道，中部地方以北の本州に分布する．ふつう和名はシラカンバを用いるが，そのほかシラカバ，ガンピ，シロザクラなどともよばれる．北海道では低地にも生育することから，あまりめずらしくないが，本州では高原や山岳地帯に入らないとみることができない．

　シラカンバは典型的な陽樹である．特に若い木は，日光に直接当たらないと，たちまち生気をなくして枯れてしまう．山火事の跡地や裸地など，競争相手がいないところでは，風に吹かれて飛んできた種子から発芽した実生が勢いよく成長し，たちまち群生して，同じ年齢の一斉林をつくる．シラカンバの寿命はせいぜい 80 年ほどでウダイカンバやダケカンバに比べて短命なことから，シラカンバでは胸高直径 50 cm をこせば大木の部類だ．

　シラカンバの材は黄白色から淡黄褐色の淡い色をしている．材質は軽くて，やわらかく腐朽しやすい．シラカンバの利用は，樹皮に油を含んでいてよく燃えるので松明（たいまつ）に使われる．シラカンバは見た目がきれいなので，牧場の柵にしたこともあるが，1 年もたたずに腐ってしまう．腐りやすい欠点はあるが，白い樹皮をそのままに使って山小屋の内外装とかベランダの手すり，デッキ，棚などに喜ばれる．また美しい樹皮をいかし，創作こけしや民芸品に好んで使われる．

　シラカンバの春先の水の吸い上げはめざましい．小枝を切ったり，幹に傷をつけると樹液が滴り落ちる．おそらく最初はそれをなめてみて甘いのに気づいたのであろう，この樹液からシロップ，それを煮詰めて白樺糖や酒がつくられる．シロップはロシアの名物の一つである．北海道の美深町では，町おこしの一つとしてこのシロップの生産を始めた．カンバ類の樹木は風媒花であるため花粉症の原因にもなる．道南地域を除く北海道では，シラカンバ花粉症の方がスギ花粉症よりも多いとされている．

［梶　幹男］

クマシデ属　カバノキ科
Carpinus
Hornbeam

　クマシデ属は北半球の温帯を中心におよそ 40 種が分布する落葉樹である．ヨーロッパのセイヨウシデ（European hornbeam）や北アメリカのアメリカシデ（American hornbeam）などは温帯の落葉樹林の主要な構成種の一つである．日本には 5 種が分布し，なかでもアカシデとイヌシデは温帯のコナラ二次林*でよくみられる．このように身近な存在のクマシデ属の樹木は，ヨーロッパでも日本でも庭園木として利用されてきた．また，材質が堅く緻密であるので，薪炭材として利用される．日本ではシイタケの榾木（ほだぎ）*にも利用される．

●アカシデ（*Carpinus laxiflora*）

　アカシデは北海道から本州・四国・九州・朝鮮半島に分布する．同じクマシデ属のイヌシデとともに，コナラ二次林の主要な構成種である．武蔵野の雑木林の例にみられるように，コナラ二次林は日本の里山で最もよくみられる森林であるが，立地条件によってはコナラよりもイヌシデ

クマシデ属

やアカシデが多く出現する場合もある．和名の由来は長く垂れ下がった雄花序（雄花）を，紙垂という神道において注連縄や祓串，御幣などにつけて垂らす紙に見立てたものである．クマシデ属の個々の小さな花には花弁はなく，苞とよばれる葉のような部分と雄しべからなる．この苞が多数ぶら下がっている様子を紙垂に見立てた．また，果実も小さな堅果に大きな苞がついている形態をもつが，この苞は種子を風に乗せて遠くまで運ぶ役割をもつ．こうした風散布型の種子をもつ植物は，一般にコナラのような動物散布型の種子をもつ植物よりも広範囲に種子を散布させることができる．そのため，コナラ林の中でもイヌシデやアカシデが優占する部分が生じる．

［勝木俊雄］

● 1　シラカンバ人工林（富良野市東京大学演習林，梶幹男撮影）

● 2　アカシデの果序（三重県津市美杉町，木佐貫博光撮影）

● 3　アカシデの花（三重県津市美杉町，木佐貫博光撮影）

ブナ科 Fagaceae
Beech family

　ブナ科樹木は落葉広葉樹林（夏緑林）を代表する樹種で，ヨーロッパではナラ（oak）を森の王，ブナ（beech）を森の母とよぶように，北半球の温帯林の中核をなしている．北半球の夏緑林は，東アジア，ヨーロッパ，北アメリカ東部の温帯域にそれぞれ離れて分布しているが，ブナ林・ナラ林をはじめカエデ属・サクラ属など共通する樹種も少なくない．このような森林は，比較的温暖な気候であった新生代*古第三紀*に，第三紀周（北）極植物群*として北極圏周辺から高緯度地帯を中心に分布していたと考えられる．中生代*は裸子植物の時代，新生代は被子植物の時代といわれ，中生代白亜紀*には被子植物が出現して，中緯度地域では落葉性の比率が高くなっていった．樹木が落葉性を獲得した理由として，湿潤気候から乾燥気候へ向かう過程で獲得したとする説と，高緯度地域では日照（光）不足と温度不足の周期性があったためとする説がある．新生代新第三紀から第四紀*にかけて気候が寒冷化し，北極圏周辺は針葉樹林におおわれるようになり，夏緑林は南下して中緯度地域に分布域を移動した．このような気候変化は，大陸と海洋の移動やヒマラヤの造山活動によってひきおこされ，地球上の気温と降水量の変化が明瞭となった．そして，第四紀前半の氷期を経て，間氷期の始まりとともに，ブナ科・カバノキ科・ヤナギ科を中心とした現在の夏緑林が発達したと考えられる．夏緑林は葉をつくるコストがかからない薄い葉をもつ樹種が多く，冬期には維持コストが光合成生産量をこえることから，適期に落葉すると考えられている．南半球に分布するナンキョクブナ科（Nothofagaceae. notho は疑似の意，Southern beech）は1属からなり，かつては葉や殻斗の形態がよく似ていることからブナ科に含まれたが，ブナ科よりもカバノキ科に近いとされて独立した科として扱われる．ブナ科は世界に8属1000種あまりが分布する．また，ブナ科の植物は古い形質を残した植物群であり，風媒花であったものが虫媒花へと進化したものと考えられている．

　果実はドングリ状の堅果（果皮が堅く裂開せず通常は1個）で，堅果を殻斗（多数の苞が集まり合着して形成する椀状の器官で普通1〜数個の果実を抱く）が取り囲むか包んでいる形をしていることが際立った特徴である．

　わが国には，ブナ属（beech），コナラ属（oak），クリ属（chestnut），シイ属（chinquapin），マテバシイ属の5属22種があり，東日本には冷温帯を代表するブナ林（夏緑林），西南日本には暖温帯を代表するスダジイ・コジイのシイ類とアカガシ・アラカシ・ウラジロガシのカシ類（照葉樹林）が分布している．青森県・秋田県にまたがる白神山地のブナ林は1993年に世界自然遺産に登録されたが，温暖化による気候変化から今後ブナ林の生育に不適な環境になることが懸念されている．一方，照葉樹林の中心地の中国南部やボルネオ島では常緑のカシ類が豊富であるが，北東の端に位置する日本には常緑のカシ類が著しく少ない．このことは，新生代第四紀の氷期に常緑のカシ類の生き残る場所がわが国に少なかったことに起因すると考えられている．

　ブナ科樹木は，建築用材・家具材・酒樽用としてのオーク材，備長炭（ウバメガシ）や菊炭（クヌギ）などの薪炭材，シイタケ栽培の榾木*など，人々の暮らしとのかかわりが深い．また，コナラやミズナラなどのドングリ類は，古くから食用にされて，縄文中期の遺跡から出土する．山村では，飢饉の際の非常食として，ドングリ粉で餅をつくったり，裸麦と混ぜて団子にしたり，こんにゃく状の食品にして食べた．食用としてのクリの実はなじみ深いが，他にもスダジイ・マ

ブナ科

●1 ブナの葉（勝木俊雄撮影）

●2 ブナ（岩手県，森林総合研究所提供）

テバシイ・ブナなど，そのまま食用になるものが少なくない．

科（属）名 *Fagus* は，その堅果が食用になることからギリシャ語の「食べる」に由来する．

橅の漢字は，その旁から，ない意で意味は不明だが，一方で樹がおおい茂る意を表す．

［梶　幹男・鈴木和夫］

ブナ属　ブナ科
Fagus
Beech

花は風媒で多量の花粉を生じる．雌花序は2花からなり，クリの毬(いが)に相当する総苞に包まれる．堅果は殻斗（総苞）内にふつう2個つき，卵形で横断面が三角形状となる．

北半球の暖帯から温帯に約11種があり，北アメリカ大陸に2種，ヨーロッパに2種，東アジアに7種が分布する．日本にはブナとイヌブナの2種が自生する．殻斗柄の長さによりブナ属を2つに分け，長い柄をもち下垂する長柄群と，短い柄をもち直立する短柄群とがある．前者は東アジアのみに分布する．堅果は食用となり，属名はギリシャ語のPhagein（食べられる）を語源としている．

英名の beech の由来は book であるという．古代サクソン族はブナの板にゲルマン民族が紀元2, 3世紀ごろから使用していたルーン文字を刻んだ．この木がグーテンベルグ（J.Gutenberg）の印刷術発明のきっかけとなったという言い伝えがある．それは，「ある日，グーテンベルグがブナの樹皮に文字を刻んで楽しんでいた．ぬれたままのその木片を紙に包んで家へ持ち帰り，何気なく開いてみると，文字の跡が紙にくっきりと写っていた．驚いた彼は更に丹念に文字を刻んで実験し，それが印刷術の発明にみちびいた」のだという．

アメリカブナは，北アメリカの東部，ほぼミシシッピ川から五大湖の東側に分布する．

ヨーロッパブナは，ほぼヨーロッパ全域に広い分布域をもつ．ヨーロッパでは代表的な有用広葉樹の一つで，材は建築，家具，器具，燃料などに用いられる．耐陰性に富み，北ヨーロッパの主要な造林樹種であるほか，生垣や屋敷林樹種として用いられる．デンマークの国花はブナで，その花ことばは繁栄（prosperity）や楽しい思い出（pleasant memory）である．また同国の国歌の1番には「磯の香り満つバルト海の岸辺に，ブナの木が誇らしげに枝を広げる麗しき国」の一節があり，ブナは，まさにデンマークを象徴する木となっている．

オリエントブナ（*F. orientalis*. oriental beech）はバルカン半島からイラン北部に，タイワンブナ（*F. hayatae*）は台湾北東部の山岳地帯に，ナガエブナ（*F. longipetiolata*. 水青岡，長柄山毛欅）は中国中南部およびベトナム北部の山地に分布する．

● **ブナ**（*Fagus crenata*）

ブナは，日本の温帯落葉樹林を代表する落葉高木で，この森林帯をブナ帯ともいう．幹は上方でよく分枝し，大きいものでは，高さ30m，径1.5mに達する．樹皮は灰白色または暗灰色，滑らかで割れ目がなく，しばしば地衣類*が着生して種々の模様をつくる．葉は卵形またはひし状卵形，先は鋭形，基部は広いくさび形，洋紙質で，長さ4〜9cm，縁には波状の鈍い鋸歯がある．側脈は7〜11対でイヌブナより少ない．葉の両面にははじめ長い軟毛があるが，のちに葉脈以外は無毛となる．花期は5月，雌雄同株，雄花序は新枝下部の葉腋に数個つき，頭状で下垂する．

●1 ブナ果実（殻斗）（埼玉県秩父市東京大学演習林，梶幹男撮影）

●2 ブナの堅果と殻斗（梶幹男撮影）

雌花序は頭状で，新枝の上部の葉腋に上向につく．総苞は径約 1 cm で，中に 2 花があり，4 裂し，背部に多数の線形の鱗片を生じる．堅果は三角稜のある狭卵形で，赤褐色，長さ 1.5 cm ほどあり，食用になるのでソバグリともいう．堅果はその年の秋に熟し，9〜11 月に地表に落下する．落下した堅果は翌春芽生え，子葉はコナラ属と異なり，地表にでる．結実はふつう 2 年に 1 度であるが，ほぼ 6〜8 年に 1 度豊作年が訪れる．総苞（殻斗）は，はじめ緑色であるが，果期には長さ 2〜2.5 cm で褐色になり，豊作年には山全体が褐色に染まる．萌芽力はイヌブナに比べて弱く，更新はもっぱら実生によるが，新潟県や山形県など日本海側の多雪地では伐根からの萌芽によって薪炭林として利用しているところもある．

　北海道渡島半島から鹿児島県高隈山まで広く分布する．温帯山地の適潤肥沃な土壌に生え，上越から東北地方の日本海側では，白神山地のようにみごとな純林を形成する．太平洋側ではふつうなだらかな尾根部に生育し，純林を形成することは少なく，種々の落葉広葉樹と混生し，時にはツガなどの針葉樹やアカガシなどの常緑広葉樹と混交することもある．林床にはしばしばササ類が繁茂し，更新の阻害要因の一つとなっている．日本海側では，クマイザサやチチマザサ，太平洋側ではスズタケやミヤコザサが林床をおおう．葉の大きさや厚さは，北海道，日本海側のものが相対的に大きく，薄いのに対して，太平洋側のものは小さく，厚い傾向があり，それぞれオオバブナとコハブナに区別することもある．この傾向は，太平洋側から日本海側，北海道にかけての連続変異であることが知られている．産地の異なるブナを同一場所に生育させた試験結果から，開芽の時期にも地理的変異が認められ，北海道，東北地方ものの開芽が早く，関東地方以西の太平洋側のものが遅い．

　現在知られるブナの巨樹をあげると，第 1 位は和歌山県日高郡城ヶ森山のブナで胸高直径 295 cm，第 2 位は岩手県雫石町葛根田の 271 cm である．樹高では 30 m をこえるものも少なくなく，岩手県雫石町葛根田のブナは 40 m と記録されている．

　材は散孔材*で，辺材と心材の色の違いは少なく，淡桃から帯淡黄白色を示す．古くから漆器木地，杓子，玩具などの器具類に用いられ，今日では家具，フローリングなどの主要材の一つになっている．

●イヌブナ（*Fagus japonica*）

　イヌブナは，高さ 25 m，径 70 cm になる落葉高木で，ふつう地表近くの幹から萌芽枝を出す性質があり，複数の幹からなる株を形成する．樹皮は灰黒色で，多数のいぼ状の皮目がある．葉は長楕円形または卵状楕円形，洋紙質で長さ 5〜10 cm，幅 3〜6 cm，縁に波状の鈍い鋸歯がある．側脈は 10〜14 対でブナよりも多い．葉の裏には白色の絹毛が残るほか，堅果は長さ 1〜1.2 cm．殻斗の長さは 5 mm 前後で，堅果長の半分ほどである．堅果は，ブナ同様にそのまま食べられる．植物の名前で「イヌ」はしばしば「質が劣る，役に立たない」の意味でつけられる．イヌブナの名もブナに対して，割裂しやすく材質が劣るのでこのようにつけられた．イヌブナの樹皮は黒っぽいのでブナを別名シロブナとよぶのに対してクロブナの別名がある．

　日本の固有種で，岩手県以南の本州，熊本県南部までの山地に多く分布するが，東北地方日本海側および北陸の多雪地には分布しない．ブナよりやや低標高に生え，しばしばブナと混生するが，ブナが斜面中部から尾根部にかけて多いのに対して，イヌブナは斜面中部から下部を好む．

　4 月中旬に，奥秩父の山地の標高 900 m 前後の日当たりのよい山腹斜面を歩くと，ホオノキ，ミズナラ，クロモジ，リョウブ，イヌブナなどが開葉しはじめたばかりで，所々にミツバツツジの花が早春の林に彩りを添えているのに出くわす．秩父山地のイヌブナはブナに比べて豊凶の差

●1 イヌブナの株（埼玉県秩父市東京大学演習林，梶幹男撮影）

●2 イヌブナ（勝木俊雄撮影）

が明瞭で，4年ないし5年に1回程度の割合で大豊作になる．豊作年のイヌブナの一斉開花は実にみごとなもので，樹冠*全体が黄金色に輝いてみえる．最近では2000年と2005年が大豊作の年であった．大豊作の年には1 m^{2}あたり900個近い堅果が落下する．1993年の秋には1 m^{2}あたり320個ほどの堅果が落下し，そのうち約120個が健全で，残りの200個は虫食いや秕（しいな）などの発芽不能な堅果であった．地上に落下した堅果は，翌春の4月下旬〜5月中旬に発芽するが，芽生えた数は健全堅果落下数のわずか3％ほどで，1 m^{2}あたり4本ほどであった．このことは，秋に落下してから翌春の発芽までの間に，そのほとんどがアカネズミ，ヒメネズミなどのげっ歯類やニホンザル，ツキノワグマなどの大型哺乳類に捕食されてしまったことを物語っている．さらに，捕食の難を免れて，春に芽生えた実生もニホンジカによる捕食や菌害などによってその数を減らし，秋には1 m^{2}あたり1本ほどしか残らない．

［梶　幹男］

コナラ属　ブナ科

Quercus
Oak

　北半球の温帯と暖帯を中心に300種ほどがあり，東アジアの暖帯常緑広葉樹林と北半球の落葉広葉樹林では本属の種が優占種となっている．材は多くの用途があり，古代から人間とのかかわりが深く，果実は食料や野生動物の重要なえさとなる．

　花は風媒で多量の花粉を生じる．果実は卵球形または円柱形の堅果で，基部は杯状の殻斗（総苞）で囲まれる．殻斗には瓦重ね状に並んだ総苞片があるか，あるいは総苞片が合着して同心円状に配列する．

　殻斗の総苞片が瓦重ね状に並ぶものはコナラ亜属に区分される．同亜属のものには日本では，コナラ，クヌギ，ミズナラのほか，クヌギによく似るが樹皮にコルク層がよく発達し葉裏に星状毛が密生するアベマキ，秋田・岩手県以南に分布するナラガシワがある．また，ミズナラの変種にモンゴリナラ，ミヤマナラなどがある．そのほか，ミズナラとコナラの雑種にミズコナラがある．コナラ亜属の葉は多くは落葉性であるが，常緑のウバメガシが含まれる．

　世界各地のこの属の樹木は，日本のミズナラと同様にそれぞれの地域で最も重要な材の一つであって，特にワイン樽として北アメリカ産のホワイトオーク（*Q. alba*）が名高い．

　一方，殻斗の総苞片が同心円状に並ぶものはアカガシ亜属に区分され，葉は常緑で一般にカシ類とよばれる．カシ類は照葉樹林の主要構成種で，西南日本を中心に東北にまで分布する．日本に産するカシ類には，アラカシ，シラカシ，ウラジロガシ，アカガシ，ツクバネガシ，イチイガシのほか，九州に産する高木で個体数が少なく絶滅が心配される危急種にあげられているハナガガシや，日本固有の高木で琉球諸島に分布するオキナワウラジロガシがある．これらのうち，アラカシ，シラカシ，イチイガシは開花した年の秋にドングリが成熟するが，他の種は翌年の秋に成熟する．カシ類の材は強くかたいので，農具の柄，かんなの台，船の櫓や舵，車両，機械，土木用材，神輿の担ぎ棒など，さまざまな用途に使われる．薪炭材としても優良で，シイタケの榾木（ほたぎ）*として使われることもある．生垣や防風林としては，特に関東平野のシラカシや関西の棒ガシ（アラカシを棒状に仕立てたもの）などが有名．ドングリが食用とされたこともあり，なかでもイチイガシは生食可能で，他のものは水にさらして渋を抜く．またシラカシは葉にフラボノイ

コナラ属

キノコ 6

チチタケ（*Lactarius volemus*）

　ベニタケ科チチタケ属．ベニタケ科は世界で1200種以上が報告されていて，さらに毎年のように新種が記載されており，キノコの中では最も大きな科の一つである．ベニタケ科のキノコはすべて菌根菌*と考えられており，樹種ごとに発生する菌種にも違いが認められる．チチタケはブナ林をはじめとする広葉樹林に発生する種で，美味な食用菌としてよく知られている．特に栃木県ではチダケとよばれて絶大な人気を誇り，シーズンになると近隣県のブナ林にも栃木ナンバーの車をよくみる．チチタケ属には，アカモミタケやハツダケなど，他にもおいしい食用菌がある．

　分子系統解析によると，ベニタケ科のベニタケ属は大きく2系統に分かれ，その1系統からチチタケ属が派生したことが示されている（Miller *et al.* 2006）．また，地中にボールのようなキノコをつくることから腹菌類*の中に含まれていたキノコの中にも，分子系統分類上はベニタケ属やチチタケ属の中に入る種が多数あり，分類の再編がまたれる．チチショウロをはじめ，日本にも何種かの地下生ベニタケ・チチタケ類が確認されている．

　チチタケ属は新鮮なキノコを傷つけると乳液（チチ）が分泌されることによりつけられた名前で，英語でも"milk-caps"や"milk mushroom"とよばれる．分泌される乳液には天然ゴムとほぼ同じ成分が3～5%も含まれている．ゴムの木からとれる天然ゴムには植物由来のタンパク質が混入し，製品となった手袋にアレルギー反応を示す人もいる．そうしたアレルギーをひきおこさないゴムをチチタケの乳液からつくろうとするユニークな研究が行われている（佐藤ら 2005）．近い将来，チチタケゴムでつくられたおいしい手袋が登場するかもしれない．

［奈良一秀］

●**チチタケ**（左：谷口雅仁氏，右：安藤洋子氏撮影）

ド，タンニン，トリテルペノイドなどを含み，胆石症および腎臓結石などの治療に用いられる．ウラジロガシの葉も同様に用いられる．

南ヨーロッパの常緑のカシであるコルクガシ（*Q. suber*）は，その表皮下の樹皮（コルク組織）をはぎとってコルクとして利用することで知られている．

●コナラ（*Quercus serrata*）

コナラは，北海道から九州の冷温帯下部から暖温帯にかけて分布する落葉性の高木で，樹高20 mになる．樹皮は灰黒色で縦に不規則な裂け目がある．花期は4～5月．堅果は1年で熟し，長楕円形をした長さ2 cmほどで，殻斗（総苞）には鱗片状突起（総苞片）が並ぶ．

コナラはオオナラ（ミズナラ）に対するもので，「小さい葉の楢（なら）」の意味で，単にナラともいう．元来，コナラは，山地のやや乾燥する土地に生えていた種だが，落ち葉が燃料や堆肥に適していたため，各地にコナラを植林した林をみることがある．また，伐採されても切り株から「ひこばえ*」（萌芽）を形成して再生する性質があるため，関東地方では昭和30年代までクヌギとともに薪炭材として大量に利用された．関東地方にみられるコナラ・クヌギ林は，自然にできあがった雑木林と思われがちであるが，相当な面積の林は，人が必要な樹木を選択し，時に植林をしながら，目的にあわせて造林されたものである．燃料としての役割が終わってからは，シイタケ栽培の原木に使われてきた．素性がよく，太いコナラであれば，ミズナラと同じく家具にされることもある．

ナラの由来は，明らかでない．一説には，奈良の都の周囲にこの木の林ができたので，奈良の木といわれたともいう．古くはハハソといい，その意味は『大言海』によると葉葉添（はぞい）の略とされているが，カシワ，クヌギ，コナラなどを含めてこの名が使われていることも多い．今日でも，ときおり神社の境内などで直径1 m近いコナラの巨木に出会うことがある．里山で見慣れているコナラに比べ，すっきりと生育した姿には圧倒される．コナラもミズナラにおとらない大木になることは，丸山利雄『続しなの植物考』に長野県内のコナラの最大巨樹として，県指定の天然記念物の「南安曇郡堀金村楢屋のコナラ（幹周7.2 m）」があることからもわかる．

コナラは全国的にみられる樹木であるが，北海道では南西部の暖かい地域にわずかにある．冷涼地に生えるミズナラやカシワと接して生育することがしばしばあり，その間にできた雑種はそれぞれミズコナラとコガシワとよばれる．

●クヌギ（*Quercus acutissima*）

クヌギは，高さ15 m，落葉高木，樹皮は灰褐色で，縦に細かく裂ける．葉身は長楕円状皮針形で，長さ8～15 cm．花は4～5月ごろ，葉の展開とほぼ同時に咲く．雄花序は前年枝から下垂し，長さ10 cm，雌花は新しい枝の葉腋につく．堅果は丸く，直径約1.5 cm，2年目に熟し，殻斗は浅い杯形で，長く反り返った鱗片がある．岩手・山形県以南，朝鮮半島，中国，台湾に広く分布する．薪炭材として広く利用され，シイタケの榾木（ほたぎ）*として最も普通に使われる．樹液にはクワガタムシやカブトムシが集まり，ドングリは玩具として独楽（こま）や笛になった．

クヌギは，コナラとともに関東の雑木林を構成する代表的な樹種として知られる．縦に深い皺（しわ）のある黒いごつごつした幹と葉にトゲのような鋸歯をもちクリの葉によく似ていることから，その名は「クリ似木」の意であろうとする説もある．葉の形はクリによく似ているが，クリの鋸歯は先端まで葉緑体があり緑色をしているのに対して，クヌギの鋸歯の先端はそれを欠き褐色である点で区別できる．また，アベマキにもよく似ているが，幹のコルク層の発達がよくない点，葉

コナラ属

●1 コナラ（茨城県，森林総合研究所提供）

●2 コナラの葉と果実（東京都東京大学小石川植物園，梶幹男撮影）

●3 クヌギの葉と果実（北海道富良野市東京大学演習林，梶幹男撮影）

キノコ 7

イボセイヨウショウロ（*Tuber indicum*）

　セイヨウショウロ科セイヨウショウロ属．フランス料理に使われるトリュフである．多くのキノコが属する担子菌*とは異なり，子嚢菌*（10ページ参照）というグループに属する．トリュフの仲間は樹木と共生する菌根菌*で，地中にキノコをつくる地下生菌である．地中のキノコを見つけるのは難しいが，世界では60種以上のセイヨウショウロ属菌が報告されている．日本にも数種がこれまで記載されており，今後さらに多くの種類が発見されるであろう．イボセイヨウショウロは中国や日本に分布する種で，シデ類やマツ類をはじめ多くの樹種下にみられる．特にナラ類の下で発見される例が多い．

　クロトリュフ（*T. melanosporum*）やシロトリュフ（*T. magnatum*）は高級食材として珍重され，1kgが10万円程度で販売される例が多い．こうした高級トリュフはヨーロッパのトリュフ農園で，ナラ類を宿主として栽培されている．近年，高級なトリュフの代用品として，中国産の安価なイボセイヨウショウロがヨーロッパに大量に輸入されているが，クロトリュフとの外見上の区別が難しいことから，市場での混乱を招いているという．

　これまでに取引された最も高価なトリュフは，約1.5 kgのシロトリュフで16万5000ユーロ（当時の日本円で2700万円）で取引されたと報道されている．どなたのお口に入るのかは知らないが，世界で最も高価な食材ではなかろうか．

［奈良一秀］

●イボセイヨウショウロ（佐々木廣海氏撮影）

●カシワ林（北海道中札内村，梶幹男撮影）

の裏に星状毛がない点などで区別できる．

　現在，人里近くに多く，奥山にはほとんど自生しないので，自然の分布が不明．コナラ・クヌギの雑木林は，縄文早期といわれる日本での農耕の始まりに深くかかわっていると考えられ，雑木林が稲作や畑作に不可欠なものだとすれば，農耕技術や稲作の種籾といっしょにクヌギのドングリも大陸から渡ってきたものかもしれない．ブナ・ミズナラ林が狩猟採集社会を象徴する原始の森とするなら，コナラ・クヌギの雑木林は農耕社会を象徴する文明の森といえる．

●カシワ（*Quercus dentata*）

　カシワは，落葉高木で，やせ地や乾燥に強いので，海岸の丘陵，岩礫地に群落をつくることが多い．樹皮は灰褐色〜黒褐色で，不規則に割れる．葉は枝先に集まる傾向があり，ごく短い柄があるか無柄．葉の縁には大きな波状の鈍鋸歯がある．葉裏には短毛と星状毛が密生する．堅果は楕円形または球形，径 2.5〜4.5 cm で年内に熟す．殻斗は長くて反り返った鱗片が密生する．和名は，古くその葉に料理を盛ったり，食物を蒸したりするときに使ったことから「炊ぐ葉」の意味．はじめ，かしはの語はカシワのほか，食物を盛ることのできるホオノキ，サクラ，アカメガシワ，サルトリイバラ，ササ，イイギリなどの葉の総称として使われたようであるが，次第にカシワの名に固定していったといわれる．

　カシワは冬になっても他の落葉樹のように葉が落ちつくさない．春，新しい葉ができるまで枯れた古い葉の一部が残っていて，ちょうどユズリハが新しい葉ができるまで古い葉が残っていて，確実に新旧の交代するものと似ているので，地方によってはカシワをユズリハとよぶところもある．カシワの葉がこのようになるのは，秋末になっても葉柄に離層がよく発達しないためであって，同属のクヌギ，アベマキなどもこの傾向がある．また，枝が太くたくましいことから，めでたい木として，男の子が生まれたときに，その子がたくましく育ち，立派に次の代がつげることを祝って屋敷内に植えることもあった．そして，端午の節句には，このカシワの葉を使った柏餅をつくって，男児の成長を祝うこともよく知られている．『源氏物語』や『枕草子』などに

「かしは木は，はもりの神」とでてくるが，秋になると葉を守る神がこの木に宿る，ということだ．そのためカシワの木は神聖視され，神職の家紋などによくこの葉の模様が使われた．ローマにも神の宿る木としてジュピターの祭壇にヨーロッパガシワの枝をささげる風習がある．

　北海道では特に海岸地帯にカシワが多く，海風に耐えながら成長している．石狩から銭函にかけた海岸線のカシワ林は世界的な林だった．海岸ばかりでなく，山火事跡のやせ地や火山灰地帯に純林ができることもある．原野のカシワとしては十勝地方がその代表地だが，今は豆類，小麦，ジャガイモなどの耕地が広がる「農業王国」十勝平野も，かつては広くカシワ林におおわれていた．そこのびっしりあったカシワも，今は防風林として残っているのが目立つ程度だ．カシワは，葉が古くから利用されたばかりでなく，また材は土台や枕木などにも利用されたが，特にウイスキーの樽には，カシワの大木からとった材が最適だという．

●ミズナラ （*Quercus crispula*）

　ミズナラは，落葉高木．樹皮は淡い灰褐色，縦に不規則な割れ目がある．葉は互生し，枝先に多く集まってつき，倒卵状長楕円形〜倒卵形で長さ 7〜15 cm，先は短く鋭頭または鈍頭，基部はくさび形に狭くなり，耳状となってごく短い柄となる．縁はやや大きな鋸歯縁，中部の鋸歯が最も大きい．葉柄はごく短く，葉裏には絹毛がある．花期は 5 月，雌雄同株．雄花序は新枝の下部から数個下垂し，長さ 6.5〜7.5 cm．堅果は長楕円形または楕円形で長さ 2〜3 cm，年内に熟す．殻斗は杯状で，総苞片は伸びずに鱗状．材は，道管が年輪に沿って環状に配列する環孔材*で，木目がはっきりしていて，柾目に美しい紋様が現れる．心材はくずんだ黄褐色で，落ち着いた重厚な色調と加工性がよいため，洋風建築の造作材（窓，階段など），フローリング，家具など広い用途がある．和名は材が水分を多く含み，燃えにくいことによる．また，オオナラの別名があり，葉はコナラより大きく，葉柄がほとんどないこと，鋸歯が粗くて鋭いなどの点でコナラと区別できる．

　わが国の温帯を中心に分布し，一部亜寒帯に及ぶ．本種はブナとともに日本の温帯を代表する樹種であるが，ブナよりもわずかに耐陰性が乏しいため，ブナ帯域の二次林*として優占林を形成するほか，渡島半島以北の北海道低地から低山地ではトドマツなどの針葉樹と混交し，針広混交林の主要構成樹種となる．山火事跡地などに純林をつくり，若齢木は萌芽力が旺盛なため，薪炭林として利用されてきた．生育立地は比較的乾いた土地を好むとされているが，生育地の条件は多様である．

　ミズナラは日本の広葉樹の中では成長の遅い樹木の一つで，直径成長の平均は年に 2.5 mm ほどで，直径 1 m になるのに 400 年を要することになる．現在知られるミズナラの巨樹は，環境庁の巨樹・巨木調査（2000 年）で，秋田県角館町（現在は仙北市）の木影山に自生する幹まわり 11.3 m（直径 360 cm）が確認されている．直径 250 cm をこす長野県下伊那郡清内路村（現在は阿智村に編入）の「大黒川のミズナラ」は，ミズナラとしては唯一，国の天然記念物に指定されている．

　1980 年代以降，本州の日本海側でナラ類が，また九州南部でシイ・カシ類が集団枯死するいわゆる「ナラ類集団枯損」現象が発生している．なかでも山形，新潟，石川の各県ではミズナラの集団枯損が問題視されている．原因は，養菌性のキクイムシの一種カシノナガキクイムシの穿孔によって運びこまれるナラ菌による萎凋と考えられている．

コナラ属

●1 ミズナラの葉（北海道富良野市東京大学演習林，梶幹男撮影）

●2 ミズナラの大径木（北海道富良野市東京大学演習林，梶幹男撮影）

●3 ミズナラ林（北海道富良野市東京大学演習林，梶幹男撮影）

● **ウバメガシ**（*Quercus phillyraeoides*）

　ウバメガシは，房総半島以西の太平洋側のおもに沿岸域の乾燥した尾根や岩石地を中心に分布する常緑広葉樹で，普通は高さ 5～7 m の低木林をなすことが多い．幹は通直でなく，枝分かれし，成長はきわめて遅い．壮齢の樹冠*は大きな円形になる．葉はカシ類の中で最も小さくてかたく，長さ 3～6 cm の広楕円形で，地中海地域に生育するコルクガシに似る．葉縁の上半分には浅い波状の鋸歯があり，革質で表面にはやや光沢があり，枝端に 3～5 枚が輪状（叢生）にでる．多くの枝をだすので刈り込みに強く，乾燥にも強いために庭木，生垣として植栽される．ことに京都ではナンキンガシといってウバメガシを庭に植えることが多いという．

　降水量の少ない瀬戸内海地方では，土壌の浅い岩山にウバメガシの純林がみられ，成長に十分な光を必要とするが，土壌に対する要求度はあまり高くない．ウバメガシは一般に海岸部に生える樹木と思われているが，紀伊半島や四国では内陸部の渓谷に臨んだ岩角地にも生育している．日本の常緑広葉樹林の多くは，湿潤な気候に生育する照葉樹で構成される．これに対して，乾燥した土地に生育するウバメガシは，常緑広葉樹の中でも「硬葉樹」に分けられる．硬葉樹の葉は小型で，クチクラ層に厚くおおわれ，その名のとおりかたく，乾燥から身をまもることができる．

　ウバメガシの材はかたいので，良質の白炭の原材になる．ウバメガシでつくった白炭は最もかたく，火もちがよく，灰が少ない特徴がある．和歌山県でウバメガシからつくられる白炭が備長炭とよばれる．備長炭は，紀州田辺の木炭商・備中屋長右衛門の名に由来する．元禄年間これを江戸で売り出したところ好評を博し，以後紀州産の白炭の異名となった．備長炭の切り口はいぶし銀のように光り，叩けば高い金属音をだす．燃料としては燃焼時間が長いうえ火力が均一で，現在では，ウナギの蒲焼や煎餅焼きに珍重されている．

［梶　幹男］

クリ属　ブナ科

Castanea
Chestnut

● **クリ**（*Castanea crenata*）

　クリ属は北半球に 10 種が分布する．ヨーロッパグリ（*C. sativa*）は地中海沿岸が原産地であったが，ローマ時代からヨーロッパに広く栽培されてイギリスにまで分布する．フランスの菓子としてこの栗の実を砂糖漬けにしたマロングラッセは有名である．中国のシナグリ（*C. mollissima*）は甘くて皮離れがよいので甘栗として売られている．

　暖温帯の地域で常緑広葉樹のカシ類がみられず，冷温帯の特徴であるブナやミズナラなどの樹種もみられず，クリやナラ類などの落葉広葉樹が多い森林帯をクリ帯（中間温帯林）とよぶ．暖温帯のカシ林と冷温帯のブナ林は境界を接するのだが，カシ類は WI 85℃・月以上であっても寒さが厳しい地域では生育できず，一方ブナもない地帯にクリが多いことからクリ帯と名づけられている．

　近年，奈良県橿原市観音寺本馬遺跡（縄文時代，約 2800 年前）でクリ（*C. crenata*）の切り株が多数発見された．縄文時代にはすでにクリが食用として栽培されていたことをうかがわせる．持統天皇の時代に植栽させたという記録があり，実の大きな丹波地方から産する丹波栗は名高い．中国から侵入してクリの芽に虫こぶをつくるクリタマバチの被害が甚だしくなったことから，銀

クリ属

●1　ウバメガシ（東京都東京大学小石川植物園，梶幹男撮影）

●2　ウバメガシ林（静岡県南伊豆町，梶幹男撮影）

寄など耐虫性のある品種が接木によって栽培されている．

20世紀初頭，ニューヨーク市で初めて発見されたクリ胴枯病*（chestnut blight）は，当時，アメリカ東部の広葉樹林として最も豊富であったアメリカグリ（*C. dentata*）を，その後40年間に35億本枯死させ，アメリカには生き残ったクリがないという前代未聞の壊滅的な打撃を与えた．アメリカの教科書（冒頭には Chestnut blight caused the almost complete destruction of the American chestnut within the 40 years following discovery of the disease in 1904. とある）には，クリ胴枯病菌は日本からニューヨーク市に持ち込まれたと記載されている．その後，本病の病原菌は丸太についてアメリカからヨーロッパに持ち込まれて，ヨーロッパグリはアメリカグリと同様に本病に著しく感受性であったために大きな打撃を受けた．本病は樹木の世界三大流行病の一つに数えられていて，病原菌の原産地はアジアで，アジア産のニホングリ，シナグリ，チョウセングリ（*C. koraiensis*）は抵抗性である．

クリの葉はクヌギの葉とよく似ているが，鋸歯の先端にも葉緑体があることと幼木でも樹皮に深い縦の裂け目がでるので明瞭に区別される．

クリ材は耐久性が高いことで用途が多く，防腐剤を注入せずに無処理のまま利用してもその耐用年限は7〜9年といわれる．木造家屋の土台，浴室用材として最も賞用され，坑木，土木用などに広く用いられる．

［鈴木和夫］

シイノキ属　ブナ科

Castanopsis
Chinquapin

東アジアの暖温帯から東南アジア地域に約120種が分布し，中国南部には60をこえる種，マレーシアの山地には30あまりの種が記録されている．学名はクリを意味するギリシャ語 kastana またはラテン語 castanea と，ギリシャ語 opsis（似る）から「クリに似たもの」の意味である．常緑の高木で，雄花は，直立する穂状花序に密につき，甘い香りを放って虫をよぶ．雌花も，直立する穂状花序に多数つき，各総苞中に1〜3花がある．同じブナ科のマテバシイ属やクリ属では，雌花は先端部に雄花がある両性の尾状花序につくが，シイノキ属では雌花だけつける雌花序となる．堅果は，総苞（殻斗）中に1〜3個あり，2年目の秋に熟す．殻斗は，外面に鱗片状突起が輪状に並ぶか，突起またはとげを密生する．シイノキ属の堅果の多くは生食可能であり，ナッツとして重要視されているものも多い．材は，変形や腐朽がおこりやすいのであまり重要な用途はないが薪炭材として用いられる．樹皮には多量のタンニンを含有していることが普通で，タンニン原料として利用される．

日本にはスダジイとコジイ（ツブラジイ）がある．コジイはスダジイに比べて「小さい」シイという意味で，幹があまり太くならず，葉が小さいことや，堅果が小さいことなどが特徴としてあげられる．特に堅果は球形で長さ6〜13 mmで，別名ツブラジイの名の由来となっている．

スダジイが海沿いや大河川の流域，山地の斜面など空中湿度の高い土地を好み，日本海側にも多くみられるのに対して，コジイは日本海側にはほとんど分布がなく，東海から九州にかけて内陸側を中心に乾燥した立地にみられる．コジイはスダジイとよく似ており，スダジイをコジイの変種であるとする説も多い．

●1 クリの雄花（富良野市東京大学演習林，梶幹男撮影）

●2 クリの果実（富良野市東京大学演習林，梶幹男撮影）

小林義雄は，シイの実売りの光景を「高知市内の町角には秋になるとシイの実を売る屋台が出る．炒りたての熱いうちにかじって食べると淡白な木の実の味がしてうまいものである．味はコジイのほうがよいので，店では小形で球形をしたツブラジイともよばれるコジイを売っている」と記述している．近代の日本でシイの実が非常に大切な食料になっていた地域の一つは，奄美の島々と沖縄本島の北部だったという．奄美の島々や沖縄北部の国頭地方ではシイ（スダジイ）の実は，飯，粥，おじやとして食べられただけでなく，菓子，焼酎，味噌，醤油などの大切な原料にもなった．

●スダジイ（*Castanopsis cuspidata*）

スダジイは本州新潟県以南の日本各地，タブノキとともに日本の常緑広葉樹林を代表する樹木である．樹皮は，比較的若い個体でも縦に割れ目が入る点がスダジイの特徴であり，近縁のコジイ（ツブラジイ）との区別点である．しかし，両種の中間的なものも多く，若い個体や勢いのよい個体では区別点にはならない．スダジイの葉は裏面に淡い褐色の鱗片状の毛があるために鈍い金色の光沢がある．このような金色の光沢をもつ樹木はスダジイのほか，ツブラジイ・シリブカガシなどがある．堅果は翌年の秋に熟し，タンニン含量が少ないので渋みがなく，そのままでも食べられが，煎るとさらに香ばしい．近年，公園木や街路樹，法面(のり)の緑化などで植栽されることが多くなった．

その材は，強度は高いものの変形しやすいうえに腐りやすいので，シイタケ榾木*以外はあまり利用されることはなかった．薪炭材や枕木として利用されることはあったが，薪としても火力の点ではマテバシイに劣り，炭にしても備長炭のウバメガシにはかなわない．スダジイが秋に実らす大量のドングリは，ブナの実と同じく，森にすむ多くの生物を支えている．

長期にわたり安定した森林の状態を保つ樹木（極相種）であるスダジイは，幹の太い大径木になりやすい．心材が腐り洞の空いた樹洞は野生動物のすみかとしてしばしば利用される．国の天然記念物に指定された日本最大の甲虫ヤンバルテナガコガネはスダジイの樹洞をすみかとしている．スダジイの腐朽した部分にはカンゾウタケ，カシタケ，シイタケといったキノコがつきやすい．

スダジイは常緑広葉樹の中ではかなり長寿の樹木で，国の天然記念物に指定されている「伯耆の大シイ（鳥取県東伯町：現在は琴浦町）」と「志多備神社のスダジイ（島根県八雲村：現在は松江市に編入）」がともに幹周11.4 mで日本一の座を分かちあった．ところが，その後の調査で，幹周10 mをこす巨樹が伊豆諸島で次々と発見された．とりわけ御蔵島(みくらじま)はシイの巨樹の宝庫で，なかでも「御蔵島の大ジイ」は幹周13.8 mで，これが現在のところ日本一とされる．

各地の社叢（神社林）のスダジイ林や，山地や河畔に残るスダジイ林は，開発によって消滅・分断されている．

［梶　幹男］

■マテバシイ *Lithocarpus edulis*
―マテバシイ属　ブナ科

ブナ科マテバシイ属の多くの堅果は，分類的に近縁とされるクリ属，シイ属と異なり，殻斗(かくと)が皿状や椀状堅果で全体を包むことはなく，上方が裸出している．北アメリカ西部に分布する1種類を除き，約300種（50～100種とすることも多い）が東アジア，東南アジアに存在し，特に台湾に多くの種が集中している．熱帯産の種群では，堅果や殻斗の形態はすこぶる多様で，堅果が巨大化し，握り拳ほどもある大きな堅果をつける種がある．また，殻斗が著しく発達し，堅果を完全に包み込むもの，リング状模様の殻斗をもつものもある．

●1　**スダジイの雄花**（東京都上野公園，梶幹男撮影）

●2　**マテバシイの雄花と若い果実**（東京都東京大学構内，梶幹男撮影）

常緑高木のマテバシイは，房総半島，紀伊半島，四国，九州，沖縄に分布し，九州南部以南を原産とし，他の地域では植栽されたものといわれている．多幹性が強く，葉は厚く革質，成葉上面は無毛で光沢があり，下面は黄褐緑色．5〜6月に新葉を展開し，新枝の葉腋から上方に穂状花序を開花させる．雌花の基本形態がクリ属，シイ属と共通しており，マテバシイ属はこれらと同じグループ（クリ亜科）に分類される．堅果は長楕円形または楕円形（長さ2〜3 cm）で，翌年秋に成熟し褐色になる．

　材は放射孔材*でシイ類よりかたく強いため，農具の柄などの器具材として利用される．一般にドングリ類はタンニンを多く含むため渋く，そのままでは食べられないが，スダジイ，ツブラジイ（以上シイ属）およびマテバシイのドングリ（堅果）はタンニンを含まず，生または炒ったり煮て食べることができる．マテバシイは，堅果が大きく多量に採集できることから，縄文時代の重要な食料源であった．また，大気汚染や潮風に強いことから暖地では庭園樹，公園樹，街路樹，防風用に植栽されている．

　属名 *Lithocarpus* は，堅果がかたいことを意味するギリシャ語の litos（石）と carpos（果実）に由来する．種小名の *edulis* は「食べられる（edible）」の意．また，和名の語源は定かではないが，枝先にたくさんの葉がつく姿を手に見立てて「全手葉椎」，待っていればやがてシイのようになる「待てば椎」，九州地方の方言（意味不明）などの諸説がある．

〔白石　進〕

ニレ科 Ulmaceae
Elm family

　ニレ科樹木は，中生代*白亜紀*以降に化石が記録されて，その形態的特徴に長い年月ほとんど変化がみられていない．1万5000年前，最終氷期が終わる頃に氷河から溶け出した水は湖を拡大させ，その後，沼沢地をたくさんつくった．そこにはまず，湿った土壌にも生育できるニレ科やトネリコ属（モクセイ科）樹木などが繁茂していった．そしてその後，耐陰性の高いブナやカエデなどの多様性に富んだ森林へと変化していった．ニレ科樹木は熱帯から北半球の温帯に，特に温帯地方を中心にして，15属150種が分布している．わが国に，ニレ属（elm），ケヤキ属（zelkova），ウラジロエノキ属，エノキ属，ムクノキ属の5属11種が分布している．

　葉はふつう互生し，基部はしばしば左右不相称となり，このことがしばしばきわだった特徴となっている．

　ニレ属・ケヤキ属樹種は，葉の側脈が多数並行して基部の脈は著しくなく，果実は乾果で，一方，エノキ属・ムクノキ属・ウラジロエノキ属樹種は，葉の基部の3つの脈が長くて目立ち，果実は核果*であることで区別される．

　エノキ（エノキ属）は，「吾が門の榎の実もりはむ百千鳥千鳥は来れど君ぞ来まさぬ」（万葉集）の歌にみられるように，果実は甘く野鳥の食餌となって種子が散布されるので市内でよくみかける．古くから街道沿いにあって夏に日陰をつくるので，漢字は木の旁に夏の字を当てて榎とし，エノキの一里塚として知られている．

　ムクノキ（ムクノキ属）は，ムクエノキともよばれて実はエノキよりも甘く，ムクドリなどがたくさん集まってくる．エノキと同じく市内に多い樹木であるが，葉がざらつくので容易に区別することができる．

　ウラジロエノキ（ウラジロエノキ属）は，亜熱帯地方に分布し，わが国では屋久島以南に自生している．

　ニレはその樹形の雄大さと美しさから，特に欧米で最も親しまれている樹木であり，庭園樹や街路樹として植栽されてきた．1910年代にオランダで最初に発見されたニレ立枯病*（Dutch elm disease）は，1950年代初頭までにオランダのニレの95%が枯死したといわれ，世界のニレの脅威となった．その後，1930年には被害木が北アメリカ大陸に持ち込まれて世界的な樹木の流行病となり，今までに世界で費やされた枯損ニレの処分費用は1兆7000億円をこえている．1990年に米国植物病理学会は，ニレ立枯病に関するモノグラフ「ニレ立枯病―7人のオランダ人女性の精選論文」を刊行して，その序文に，「20世紀前半に活躍した7人の若いオランダ人女性の研究成果は今でもニレ立枯病の基本的知見である」と記していて，欧米の人々のニレや本病に対する関心の高さをうかがい知ることができる．

　科（属）名 *Ulmus* は，ケルト語の elm に基づくラテン語に由来．

　楡の漢字は，その旁から，肯定や応諾を表す言葉で，愉（快）はゆったりとして安らか，あるいは（治）癒は病気が癒える意に用いられる．ニレは，滑るの意味で，ニレの樹皮をはがすとぬるぬるすることに由来する．

［鈴木和夫］

ケヤキ属　ニレ科

Zelkova
Caucasian elm

● **ケヤキ**（*Zelkova serrata*）

　ケヤキ属はアジアに数種が分布している．わが国にはケヤキ1種があり，景観樹木としても利用木材としても価値が高い．欅は，その旁は人が両手で持ち上げた様子の挙で，まっすぐに伸びた樹形をよく表している．和名は，「けやけき（際立って優れている）木」の意味で，街路樹や公園樹として好んで植栽される．また，古くはツキ（槻）とよばれ，「強き木」に由来する．欧米にはこの樹種が自生していないので，英名は keaki あるいは zelkova である．

　暖帯・温帯に広く分布していて，神社や寺の境内など屋敷林の代表的な樹種の一つである．樹皮は若木のときは平滑だが，年とともに鱗状にはげて波状の紋様を現わす．関東地方の原風景の一つで武蔵野でよく目にし，東京大学本郷キャンパスのケヤキ並木は樹齢100年をこえていて美しい景観を呈している．

　樹形の美しさのみならず，材は強度が大きく，耐久性があり，木理が美しいことから，わが国の広葉樹材では第一番の良材で，建築・家具・彫刻などさまざまな用途に用いられる．瑞龍寺（高岡市）の仏殿・山門などは総欅造りで国宝となっている．また，和太鼓は，多くがスギ材を継ぎ合わせてつくられるが，ケヤキが最高の材質とされる．老木になると美しい杢（もく）が現れるものがあり，それらを装飾材として賞用している．材質の変異によって，本ケヤキ，赤ケヤキ，青ケヤキ，石ケヤキなどの呼び名がある．近年，全国的にケヤキ資源は枯渇している．　　　　［鈴木和夫］

ニレ属　ニレ科

Ulmus
Elm

　ニレ属樹木は，北はスカンディナビア半島から南はアフリカ北部の砂漠地帯や中米熱帯にまで北半球に広く分布し，世界に30種以上が分布している．種多様性の中心である中国大陸中央部では未だに新しい種が見いだされている．成長は速く，ゴビ砂漠周辺やチベット高原海抜3900 m など多様な立地にも生育し（シベリアニレ *U. pumila*），繁殖力が旺盛である．木目の美しい材としてのみならず有用樹種として多様な用途に供されてきた．リンデンバウム Lindenbaum（独）（セイヨウボダイジュ，シナノキ科シナノキ属），マロニエ marronnier（仏）（セイヨウトチノキ，トチノキ科トチノキ属），プラタナス Platanus（羅）（スズカケノキ，スズカケノキ科スズカケノキ属）と並んで世界四大街路樹の一つに数えられ，南半球のオーストラリアや南アメリカにも広く植栽されている．

　ニレは樹齢300年，樹高30〜40 m，樹冠*40 m に及び，その樹形の美しさと雄大さから，ワシントンのリンカーン記念堂レフレクティングプール並木にみられるように特に欧米先進国で最も親しまれている樹木である．欧米における樹種はセイヨウニレ（オウシュウハルニレ）（*U. glabra*），オウシュウニレ（*U. procera*），アメリカニレ（*U. americana*）がおもなもので，200をこえ

●1　ケヤキの街路樹（岩手県盛岡市，市原優氏撮影）

●2　ハルニレの果実（富良野市東京大学演習林，梶幹男撮影）

る多数の園芸品種が生み出されている．
　ニレの葉は，楕円形〜卵状楕円形で鋸歯があり，基部の多くは斜形で左右不対称である．花は両生花で葉腋につき，果実は卵形で翼のある扁平な翼果*である．ニレの樹皮をはがすとぬるぬるすることから，ニレの語源（滑れ）となっている．
　日本のニレ属にはハルニレ（*U. davidiana* var. *japonica*），アキニレ（*U. parvifolia*），オヒョウ（*U. laciniata*）があり，ニレといった場合にはハルニレを指すことが多い．ハルニレは春に，アキニレは秋に花が咲き実がつくことから名づけられた．

●ハルニレ（*Ulmus davidiana* var. *japonica*）
　ハルニレは中国北部から北海道・本州に分布する寒地性の樹種で，北海道の代表的広葉樹であ

る．北海道大学寮歌「雄々しく聳える楡（エルム）の梢」は，北海道に自生するハルニレのことである．アイヌ神話で神が世界をつくったとき，まずドロノキ（ヤナギ科ハコヤナギ属）が生え次にハルニレが生えたという．人間の祖先と考えられているアイヌラックルは，雷神とハルニレ姫との間にできた子であり，ハルニレの樹皮の繊維の衣服を着ていた．北海道では，ハルニレの材は，ヤチダモ（モクセイ科トネリコ属）と同じように家具材をはじめとして広く用いられている．ハルニレの花は，4～6月ごろに葉の展開する前に前年枝の葉腋に束状に咲き，直径数mmとかなり小さいが，雄しべの葯が鮮やかな紅色となり目立つ．

オヒョウはハルニレの葉に似ているが，葉の先端が3～5裂することで区別される．アキニレは，本州中部以西に分布し，9月ごろに花が咲く．ケヤキを小型にしたような葉をもっているので，盆栽の世界では「ニレケヤキ」とよばれる．

わが国にはニレ立枯病*の発生はなかったが，最近ニレ立枯病菌がニレオオキクイムシから確認されて，北海道に広く分布していることが明らかにされた．　　　　　　　　　　　　［鈴木和夫］

エノキ *Celtis sinensis*
—エノキ属　ニレ科

エノキ（hackberry）が含まれるニレ科は，エノキ属，ケヤキ属，ニレ属などよく知られている樹木を多く含む科で，世界に15属約150種がある．特に中央・南アメリカの熱帯から温帯にかけてに多くの属が集中している．葉の基部の3脈が目立つエノキ亜科（エノキ属）と基部の脈が著しくないニレ亜科（ケヤキ属，ニレ属）に分類されている．最近のさまざまな研究から，エノキ亜科はクワ科に近く多くの類似点をもっていることから，独立させてエノキ科としたほうがよいとする説が提案されている．

エノキは，暖帯・温帯の各地に生え，人里に多く植えられてきた．織田信長が安土から京に至る街道に一里ごとに塚を築き，一里塚としてエノキを植えさせたという．エノキは大きいものでは高さ20m以上になり遠くからでもよくみえるので，一里塚や村の境界には好んで植えられて，人々とのかかわりは深い．榎の字は夏の木と書き夏に木陰を提供する意である．果実は秋に赤褐色に熟して甘く，ムクドリやヒヨドリなどの小鳥が好んで食べて糞とともに散布するのでいたるところに分布する．関西ではエノキの果実を子どもが好んで食べる．黄葉する並木としてはイチョウを連想するが，エノキの黄色も美しい．

「縁の木」と書いて縁結びの縁起のよい木とされる一方，「縁退木」と書いて悪縁を絶ち切る木ともされる．ちなみに，木偏に旁を春夏秋冬と書いてそれぞれ，ツバキ，エノキ，ヒサギ（キササゲまたはアカメガシワ），ヒイラギの名前である．

［鈴木和夫］

●エノキ（東京都東京大学小石川植物園，梶幹男撮影）

イチジク属 クワ科

Ficus
Fig

　イチジク属は，アジアやオーストラリアの熱帯を分布の中心とし，世界中の熱帯から温帯まで分布する非常に大きな属で，700種以上が知られている．イチジク属の1つの特徴は，食用のイチジクの実から白い乳液が分泌されることからもわかるように，乳管をもつことである．乳管は，キョウチクトウ科やトウダイグサ科，キク科，ウルシ科などにみられ，茎や葉が傷つけられると白色の乳液を分泌して傷を塞ぐ．自動車のタイヤをはじめとするゴム製品の原料となる生ゴムは樹木の乳液からつくられる．以前は観葉植物のゴムノキとして広く知られているイチジク属のインドゴムノキ（*Ficus elastica*）からゴムを生産していたが，トウダイグサ科のパラゴムノキ（*Hevea brasiliensis*）の乳液のほうが品質がよいため，パラゴムノキの栽培が始まってからは，インドゴムノキは用いられなくなった．

　イチジクの和名は，中世ペルシャ語 Anjir に由来する中国名「映日果（インジークォ）」が訛ったものとされている．イチジク属のイタビカズラ（*F. nipponica*）の語源は「板碑」に絡まるからとの俗説があるが，イタビ（イヌビワの古名）に似たつる植物というのが正しい．ではその「イタビ」の語源はというと，これを説明したものは見あたらないようである．前川文夫はイタヤカエデの語源として「イタヤニ（乳のような甘いヤニ）の出るカエデ」と述べているから，同じ論法でイタビは「イチ（乳）」＋「ビ（ミ：実）」で乳の出る実なのではあるまいか？　実際，イヌビワには「チチノミ（乳の実）」という地方名もある．

　イチジク属のもう一つの特徴は，「無花果」という漢名に表れているように，花が咲くことなく，いきなり果実がついたようにみえることである．イチジク属の果実は集合果で，成熟した果実の中にあるタネのようにみえるものが果実（痩果(そう)）である．この特徴的な果実の形態はイチジク状果とよばれている．春先に，イチジク属の樹木の枝にいきなり小さな果実ができたようにみえるものは花序で，花嚢という袋状の構造の内側に小さな花が密生したものである．

　このように「無花果」でありきれいな花弁(がく)も萼ももたないイチジク属の花には，チョウもハチもくることはないが，特別の方法で他花受粉を行い種子をつくっている．というのは，イチジク属の花に専門に寄生して虫えい（虫こぶ）を形成する昆虫（イチジクコバチ科の蜂）が，寄生のために花嚢に侵入し産卵する際に花粉が付着する（送粉）のである．イチジク属の花には，雄花，雌しべの短い短花柱花（虫えい花），雌しべの長い長花柱花（雌花）の3つの種類があり，雄花は花嚢の出入り口付近に多く，コバチが出入りするときに花粉をつける．虫えい花の花柱ではコバチが産卵管を挿入して子房に産卵するため種子ができずに虫えいとなり，幼虫は虫えいとなった短花柱花の子房を食べて育ち，翌年羽化する．雌花では花柱が長くてコバチが産卵管を挿入しても子房まで届かないため，寄生されずに種子がつくられる．この関係はイチジク属のすべての種でみられ，アコウにはアコウコバチ，イヌビワにはイヌビワコバチという具合に，イチジクコバチ科にはそれぞれの植物種に対応した多くの種がある．イチジク類の種分化はコバチの種分化と対応して進んできたことを示唆するDNA系統解析の結果も得られている．

　雌雄同株のアコウ亜属（日本産種はアコウ *F. sperba* var. *japonica* とガジュマル *F. microcarpa* の2種）では，雄花，雌花，虫えい花が同じ花嚢の中に混生するが，雌雄異株のイチジク亜属（食用のイチジクのほか，日本産種にはイヌビワ *F. erecta* やイタビカズラなどがある）では，雌花のみをつ

ける雌花嚢は大きな集合果となって，痩果を多数形成する．イチジク（*F. carica*）は，西アジア原産で，アダムとイブがこの葉で股間を隠したとされている木で，日本には江戸時代に導入され庭木としてよく植えられている．日本に入ってきた品種は，受粉しなくても果実が肥大するので，本来の送粉昆虫である西アジアのコバチがいなくても果実が収穫できる．

●アコウ（*Ficus sperba* var. *japonica*）

　アコウはガジュマルとともに日本の亜熱帯植生を代表するイチジク属の半常緑高木で，ガジュマルよりも葉が大きく，東南アジアから台湾，沖縄を経て紀伊半島までの海岸近くに分布する．アコウの名は赤榕すなわち赤い榕樹（ガジュマルの漢名）で，ヨウノミとよばれる実の赤い色から，もしくは開いたばかりの新芽が赤いための名であろう．葉を焼くとよい香りがするので別名，沈香木ともいう．年に何度も開花するので直径 1 cm ほどで白い斑点のある赤いイチジクのような実が 1 年中ついており，アコウコバチも 1 年に何度も羽化している．ちなみにガジュマルは，地方名のガジュマル，カズマルをそのまま和名としたもので語源ははっきりしないが，「からまる」や「がんじがらめ」が訛ったとの説がある．実際に熊本方言に，縮む，絡まるの意味で「がじゅむ」「がじゅまる」という言い方があるそうだ．

　アコウは別名アコギともよばれ，実際に「あこぎな」生存戦略をもった「絞め殺しの木（絞殺木）」として有名である．高木の枝についた鳥の糞から発芽したアコウの実生は，気根を垂れ下げながらつる植物のように宿主にからみついて成長する．気根の先が地面に届くと，気根や茎が宿主樹木の幹のまわりをおおう網のように成長して，やがて宿主樹木の肥大生長を妨げて締め殺してしまい，宿主のかわりに自らの枝葉を広げてその地位を乗っ取ってしまうのである．このような絞め殺しの習性は熱帯のイチジク属樹木にしばしばみられるもので，ブッダが樹下で悟りを開いたというインドボダイジュ（*F. religiosa*）もその一つである．また，観葉植物のベンジャミン（*F. benjamina*）も絞め殺しの木であるが，売られている鉢植えをみると，多くは 2〜3 本の茎が互いに絡まり合うように成長している．このように，純然たるつる植物とは異なり，隣に高木のない地面に発芽した実生は，自立してふつうの木として育つこともできる．

　蛇足だが，「あこぎな」という言葉の語源は，三重県津市の「阿漕が浦」の漁師が禁漁区で魚を捕ったという故事によるもので，アコウの絞め殺しの性質のことをいっているわけではないことを，アコウの名誉のために付け加えておこう．

［福田健二］

■ヤマグワ *Morus bombycis*
—クワ属　クワ科

　クワ科（Moraceae）に属する落葉高木．クワ科は熱帯に分布の中心をもち，多くが高木である．約 60 属 1500 種を含む．クワ属（*Morus*）やイチジク属（*Ficus*）など数属が温帯まで分布している．日本には，クワ属，コウゾ属（*Broussonetia*），イチジク属，クワクサ属（*Fatoua*）（草本）が分布する．コウゾは和紙の原料として栽培される．

　ヤマグワは，日本全域とサハリン，朝鮮半島に分布する雌雄異株の落葉高木である．葉は互生で卵形〜広卵形で鋸歯があり，しばしば不定形の切れ込みで 2〜3 裂する．葉の大きさや形に変異が大きく，変種や品種として区別される．花は 4〜5 月に開花し，実は集合果で夏に赤〜黒紫色に熟して美味であるが，しばしば白いものが混じる．クワの語源は，「食う葉」で，カイコが食べる葉の意とされている．属名の *Morus* はケルト語の実が黒い（Mor）ことを語源とする．種小名の *bombicys* はカイコのという意味である．

ヤマグワ

● 1 アコウ（亀山統一氏撮影）

● 2 アコウの果実断面（亀山統一氏撮影）

● 3 アコウの葉と果実（亀山統一氏撮影）

● 4 ヤマグワの葉（福田健二撮影）

● 5 ヤマグワの実（福田健二撮影）

野生のクワコなど数種の蛾の繭から糸を紡ぐことは，中国〜ヒマラヤ地域の照葉樹林文化*地域に広くみられ，クワ類の栽培とカイコの飼育は古代中国で始まった．日本における養蚕は，『古事記』，『日本書紀』や『万葉集』などにすでに記述があり，弥生時代に中国大陸から養蚕技術が伝わったものとみられる．日本の自生種であるヤマグワに加えて，中国，朝鮮半島原産で葉が小さく実が長さ 5 cm にもなるマグワ（*M. alba*）や，低木性のロソウ（魯桑，*M. latifolia*）も導入された（679 年に唐からクワの種子が移入されたと伝えられる）．中央アジア原産でヨーロッパで mulberry として食用にされるクロミグワ（*M. nigra*）や，北アメリカ原産のアカミグワ（*M. rubra*）もある．また，九州，沖縄から中国大陸には，シマグワ（*M. australis*）が自生する．

　クワの木は，古くから中国では神聖な木として扱われてきた．クワの弓とヨモギの矢には邪霊を払う力があると信じられたことから，男児が生まれるとこの弓矢で天地四方を射るという風習があり，これが日本にも伝わった．また，クワの木には雷除けの力があると信じられ，雷鳴時には「くわばらくわばら」と唱える風習が日本各地にある．また，柳田國男の『遠野物語』で有名な「おしら様」は，クワの木でつくられた男女 1 対の偶像で馬と娘とをかたどっており，馬と娘との婚姻を主題とする伝説にもとづく．馬と人とが同居する「曲り家」に住み，養蚕も盛んであった岩手県をはじめとする東北地方の民間で信仰される養蚕の神である．これらの民間信仰は，養蚕とともに中国から伝わってきたものらしい．

　童謡「赤とんぼ」に，「山の畠で桑の実を小籠に摘んだは幻か」と歌われているが，養蚕業，製糸，絹織物工業は，幕末から戦後期まで日本の基幹産業として栄え，全国の山地の焼畑や平地畑にクワが植えられ，その副産物としてのクワの実も広く食べられていた．しかし，高度成長期以降は，製糸業は化学繊維の発明により衰退し，クワの栽培も大幅に縮小して，クワの実を食べることも少なくなった．熟したクワの実はたいへん美味であるが，つぶれやすく，汁が服について洗うのに苦労する．クワの実は生食用としてはほとんど流通していないが，ジャムやジュース，ワインなどが地方の特産品として販売されている．

　ヤマグワに似た種としては，コウゾ属のヒメコウゾ（*B. kazinoki*）が山野に自生しているが，葉がヤマグワよりも小型で色が濃く，左右非対称であること，実が球形で赤橙色に熟すことなどで容易に見分けられる．樹皮が和紙の原料となるコウゾは，同じく製紙用に導入されたカジノキ（*B. papyrifera*）とヒメコウゾとの雑種であると考えられている．コウゾやカジノキの実も食べられるが，甘いだけであまり美味ではない．

［福田健二］

キノコ 8

オオシロアリタケ（*Termitomyces eurhizus*）

　シメジ科シロアリタケ属．広義のキシメジ科（Tricholomataceae）は分子系統解析により整理された結果，多くの異なる系統に再編され，シメジ類と近縁であるシロアリタケ属はシメジ科（Lyophyllaceae）に入れられることとなった．オオシロアリタケは，日本では沖縄本島以南に分布し，タイワンシロアリの巣から発生するキノコである．本属の多くの菌が世界各地で珍重されるように，沖縄でもオオシロアリタケは好んで食用にされている．

　多くのシロアリは腸管内に共生する微生物の力を借りて他の生物が利用できないような有機物を利用することができる．その中でも進化したグループであるキノコシロアリ類は，巣の中に有機物を持ち込み，キノコを栽培することで知られる．腐生菌*のもつ優れた有機物分解特性を利用して，未利用有機物資源から効率よく栄養を得ているのである．

　キノコシロアリ類は，世界で330種程度いるとされる．一方，シロアリタケ属はキノコシロアリよりもはるかに少ない約40種程度が記載されるにとどまることから，複数のシロアリが共通の菌種を利用しているのは明らかだ．逆に一つのシロアリが複数の菌種を入れ替えて利用することもある（Katoh *et al.* 2002）．DNA情報を元にした系統地理学的解析によると，キノコシロアリとシロアリタケはアフリカが起源で，現存する両者のすべてはそこから派生した単系統であることが明らかにされている（Aanen *et al.* 2002）．さらに，シロアリとキノコのそれぞれの系統の中には共生に依存しない種がほとんどみられない．キノコシロアリとシロアリタケの系統関係はよく対応しており，共進化してきたことがうかがえる．いずれにせよ，1億年以上も前からキノコを栽培し，品種改良を繰り返してきたキノコシロアリは，キノコ栽培の大先輩である．　　　　　　　　　　　　　　　　　　　　　［奈良一秀］

● **オオシロアリタケ**（沖縄県石垣島，左：波多野英治氏，右：佐々木廣海氏撮影）

ヤドリギ *Viscum album*
―ヤドリギ属　ヤドリギ科

　ヤドリギ科（Loranthaceae）ヤドリギ属に属する常緑の半寄生植物で，ユーラシア大陸の温帯地域に広く分布する．ヤドリギ科は約30属1500種の完全寄生植物または半寄生植物のみからなる科で，熱帯に分布の中心がある．完全寄生植物とは，ヤドリギ科に近縁な世界最大の花ラフレシア（*Rafflesia arnoldii*）のように，花以外の器官が退化して光合成をしない従属栄養*植物で，半寄生植物とは，宿主植物の組織中に根を侵入させて養分や水分を得るが，緑色の葉をもって光合成をも行う半独立栄養植物をいう．ヤドリギ科やラフレシア科が属するビャクダン目には，香木として名高いビャクダンや羽根突きの羽根に似た実をつけるツクバネが属するビャクダン科，シイ属の根に寄生するヤッコソウが属するヤッコウソウ科などがあり，完全寄生植物や半寄生植物が多い．

　一方，植物に寄生しない従属栄養植物もある．地下部で菌根を形成してそこに感染した菌類から炭水化物も含めた栄養を得る植物を腐生植物*または菌寄生植物といい，ブナなどの高木の根に共生する菌根菌*から栄養を得るギンリョウソウ科のギンリョウソウや，樹木を枯らすナラタケというキノコの菌糸から栄養を得るラン科のツチアケビやオニノヤガラのように，緑色の葉をまったくもたないものもある．

　日本のヤドリギ科植物としては，両性花のホザキヤドリギ属（*Loranthus*），マツグミ属（*Taxillus*）と，単性花のヤドリギ属（*Viscum*），ヒノキバヤドリギ属（*Korthalsella*）がある．ヤドリギ属には，世界で約15種があり，すべて樹木の枝に寄生する常緑の半寄生植物である．日本にはヤドリギ（*V. album*）のみが分布する．学名の *Viscum* は粘性のある液果に由来する．

　ヤドリギは，アジアからヨーロッパにかけて広く分布し，落葉樹の枝に寄生する．日本から中国，朝鮮半島にかけて分布するヤドリギ（var. *coloratum*）は液果が黄色ないし橙色であるが，母種のセイヨウヤドリギ（var. *album*）は液果が白い．セイヨウヤドリギは寄生した落葉樹が冬には葉を落としているのに，常緑のヤドリギは葉をつけている様子が不死を連想させることから，スカンジナビア神話やドルイド（ケルト人の信仰）において神聖な植物とされた．キリスト教が広まって後も，ヒイラギとととともにクリスマスの植物として受け継がれている．

　ヤドリギは，北海道から九州まで分布し，エノキ，シデ類，ヤナギ類，ブナ，ミズナラ，クワ，サクラ類，カバノキ類などに寄生する．根は宿主の枝の樹皮を突き破って木部まで侵入し，養水分を宿主から吸収する．枝は緑色で節があり，二又ないし三又に分岐して宿主の枝を取り囲んで球状に広がる．葉は細長い楕円形で対生し，雌雄異株で枝先に小さな雄花または雌花がつく．実は秋から冬にかけて鳥に食べられる．果肉には粘性があり，鳥がくちばしについた実を宿主の枝でこそげ落としたり，肛門から粘液とともに垂れ下がった種子が枝に付着したりして，宿主の枝上で発芽する．ヤドリギは特定の樹木個体に集中してつくことが多く，多数のヤドリギが寄生されると衰退して枯れることもあるという．

［福田健二］

ヤドリギ

● 1　ヤドリギ（埼玉県秩父市，福田健二撮影）

● 2　ヤドリギの果実（勝木俊雄撮影）

モクレン属 モクレン科
Magnolia
Magnolia

　モクレン属は，約70種の樹木が東アジアと北アメリカ東部に分布している．東アジアと北アメリカ東部の植物相の類似は19世紀にグレイ（A. Gray）により指摘されたが，モクレン科植物はその代表的なものの一つである．温暖だった新生代*前半に北半球一円に広く分布していた植物（「第三紀周極植物群*」とよばれる）が，第四紀*の寒冷化により東アジアと北アメリカを除いて絶滅したものである．属名の*Magnolia*はフランスの植物学者マグナル（P. Magnol）にちなむ．

　モクレン科の花は，外側から順に，多数の花被片（萼片および花弁），雄しべ，雌しべが，それぞれらせん状についている．ふつう，花弁や雌しべなどの器官の数は，ウメやサクラなどのバラ科であれば萼片や花弁は5枚というように決まっているのがふつうであるが，「多心皮類」とよばれるモクレン科やキンポウゲ科の植物では，雌しべは多数で数は定まっていない（「心皮」とは葉が変形して胚珠をつけるようになったもので，1ないし数枚の心皮が胚珠を包むように変形し，子房や柱頭をもつようになったものが雌しべである）．

　モクレン科やキンポウゲ科の植物は，被子植物（広葉樹）の中でも原始的な花の形態をとどめていると考えられ，発見当時最古の被子植物の花とされた，モクレン科の花に似た化石は白亜紀中期の地層から見つかっている．また，モクレン科の花の雌しべや雄しべは平たい形をしており，これらが葉の変形であることの名残をとどめた原始的な形態と見なされる．

　モクレン科には，モクレン属（*Magnolia*）のほかに，オガタマノキ属（*Micheilea*），ユリノキ属（*Liriodendron*）があり，いずれも花や葉に芳香があり，花が大型で美しいため，多くの園芸品種がつくられている．特に，モクレン属で中国原産のシモクレン（紫木蓮 *Magnolia quinquepeta*）やハクモクレン（白木蓮 *M. heptapeta*），日本の固有種シデコブシ（*M. tomentosa*），北アメリカ原産のタイサンボク（*M. grandiflora*）などは，庭園木として世界中で植えられており，英語の普通名もマグノリア（magnolia）で通じる．

　モクレン属には，常緑性のものと落葉性のものがあるが，日本には落葉性の樹種しか分布していない．日本産種としては，ホオノキ（*M. hypoleuca*），コブシ（*M. praecocissima*），タムシバ（*M. salicifolia*），オオヤマレンゲ（*M. sieboldii* subsp. *japonica*），シデコブシ（*M. tomentosa*）がある．

●ホオノキ（*Magnolia hypoleuca*）

　ホオノキは日本固有種で，南千島，北海道から九州まで分布する．葉は長さ30〜80 cmの大きな倒卵形の葉は，まばらに伸びる太い枝の先に輪生状にまとまってつく．葉が大きいこと，芳香と殺菌作用をもつことから，各地で朴葉飯，朴葉味噌などに使われる．木材は白い散孔材*で，軽くてやわらかく加工しやすいことから，朴歯下駄の材料や，版木，建具など，幅広く使われる．山野の裸地や明るい林床に更新し，大きな葉を広げて成長は早い．

　直径20 cmほどの大きな白い花は芳香がある．ただし，高さ20〜30 mにもなる大木の葉を広げた枝の先端に花が咲くため，狭い庭に植えてしまうと，咲いていても下からはみえない．花は，薄い緑色や紅色を帯びることもある3枚の萼片が最も外側につき，6〜9枚の白い花弁は，中華料理のレンゲのような倒卵形で，中央には太い花軸のまわりに多数の黄色い雄しべ，最上部に多数の赤い雌しべがつく．果実は，長さ10〜15 cmの大きな松かさ状で，細かく縦に裂開して1部

● 1　ホオノキの花（北海道富良野市東京大学演習林，梶幹男撮影）

● 2　コブシの花（千葉県柏市，福田健二撮影）

屋から2個ずつ，合計100個以上の赤い種子が現れる．落葉は精油成分を含みよく燃える．
　中国の近縁種ヤクヨウホオノキ（*M. officinalis*）は，樹皮を乾燥したものを厚朴（コウボク）といい漢方薬の原料とする．これの野生個体はほとんどなくなってしまったらしい．北アメリカにはホオノキによく似て，さらに葉が大きく長さ50 cm以上にもなるオオバモクレン（*M. macrophylla*）が分布する．

● コブシ（*Magnolia praecocissima*）

　四国を除く北海道から九州と，韓国済州島に分布する落葉高木で，高さ20 mに達する．北海道のものは，葉が大きく変種キタコブシ（var. *borealis*）として区別される．また，東北から中部の日本海側と四国を含む西日本に多いタムシバ（*M. salicifolia*）は，ニオイコブシともよばれコブシと混同されることが多いが，花のすぐ下に葉はなく，葉がより薄く細く，先がとがる．
　コブシの葉は互生，倒卵形で長さ6〜15 cm，表面は光沢があり，葉脈は打ち出したように凹む．春先，ほとんどの木の葉がまだ開かないうちに，一斉に白い花をつけて目立つ．野山に真っ先に咲くコブシやタムシバの花は，各地で春の訪れを象徴する花とされており，千昌夫の歌う「北国の春」の歌詞にも「コブシ咲くあの丘，北国の，ああ北国の春」とある．
　モクレン属の花は，みなホオノキの花を小型にしたような構造でよく似ているが，モクレンやハクモクレンではあまり開かず花弁が直立した状態を保つのに対して，シデコブシでは多数の細い花弁が大きく開き，外側へ垂れ下がる．コブシはその中間くらいで，はじめは直立しているが，やがて大きく開く．
　コブシの果実は，長楕円形で丸いふくらみが多数ある，いびつな形をしており，これが「握り拳」の形に似ていることが和名の由来とされている．このふくらみの中央が縦に裂開して赤い外種皮をもつ種子が現れ，果実から白い糸でつながれたまま垂れ下がり，鳥に散布される．コブシの赤い種子は，民間の薬用酒として喉の痛みや咳に用いられる．慢性鼻炎・蓄膿症の漢方薬「葛根湯加川芎辛夷（かっこんとうかせんきゅうしんい）」は，「葛根湯」にセリ科のセンキュウ（川芎）の根と「辛夷」を加えた日本独自の処方であるが，この「辛夷」とはモクレンやハクモクレンの蕾で，コブシの樹種名としてこの漢名を当てるのは誤用だそうである．

●タイサンボク（*Magnolia grandiflora*）

タイサンボクは，世界各地で庭園樹として植えられている．ホオノキやコブシ，モクレンなどと同じモクレン属に属するが，日本産のモクレン属樹木がすべて落葉性であるのに対して，タイサンボクは常緑である．ちなみに，日本の常緑のモクレン科樹木には芳香のあるオガタマノキ（*Michelia compressa*）があるが，別属である．

タイサンボクの名は明治に名づけられたものと思われるが，誰が，なぜ，北アメリカ原産の木に中国の山の名である「泰山」を冠したのかはわかっていない．樹形，葉や花の壮大なことを例えたものだともいわれる．明治12年にアメリカのグラント将軍が来日した折，明治天皇とともに東京の上野公園へ赴き，将軍夫人がタイサンボクを記念植樹した．この木は現在も上野公園にあり，大木となっている．

葉は長さ15〜25 cmの長楕円形で枝先に放射状に互生する．葉は厚くて硬く，表面は光沢があり，裏はさび色の毛が密生してアズマシャクナゲの葉を大型にしたような感じである．花は5〜6月に咲き，ホオノキの花に似て，直径20〜30 cmにも達し，芳香をもつ．9〜10枚の白色の花被片の中心にある軸に，多数の雄しべ，多数の雌しべがらせん状につく．果実はホオノキに似た長卵形の大型の松かさ状で，中から赤い種子を放出する． ［福田健二］

■ユリノキ *Liriodendron tulipifera*
―ユリノキ属　モクレン科

ユリノキは，モクレン科ユリノキ属に属する北アメリカ原産の落葉高木で，街路樹や庭園樹として欧米各地で愛好され，日本にもしばしば植えられている．ユリノキ属は，第三紀には日本を含む世界に広く分布していたが，氷期と間氷期が繰り返す第四紀*に，北アメリカに分布するユリノキと中国に分布するシナユリノキ（*L. chinense*）の2種を残して絶滅した遺存的な属である．

花は6枚の黄緑色にオレンジ色の線が入った花被片からなる大形のカップ形で，種小名の *tulipifera* および英語名の tulip tree（チューリップの木）は，花の形がチューリップに似ていることによる．ただし，花は葉が展開した後の樹冠*上部に，しかも上を向いて咲くので，ホオノキなどと同様，下から見上げても咲いていることに気づかないことが多い．

葉は大型で，基部で3裂し，さらに先端が2裂する独特の形をしており，半纏（はんてん）や奴凧に似ていることからハンテンボクやヤッコダコノキの別名がある．

属名の *Liliodendron* は lily（ユリ）と dendron（樹木）の合成語で，和名のユリノキはその和訳である．日本へのユリノキの導入は，明治初年に伊藤圭介に送られた種子に由来し，新宿御苑に植えられたものが最初であるとされる．同時期のものが東京大学理学部附属植物園（小石川植物園）にも植栽されており，皇太子（少年）時代の大正天皇がこの木の前で学名の説明を受け，和名をユリノキと命名したと伝えられている．

ユリノキは北アメリカの原産地では樹高60 mにも達し，日本でも20 m以上の大木となる．原産地では沢沿いを好み，アメリカスズカケノキなどと混生する．

丘陵地を開発造成した新興住宅地にユリノキの街路樹が造成されて「ゆりのき台」という地名となっている事例があることからも，街路樹として非常に好まれている樹種の一つであることがわかる．葉が大きく緑陰をつくるのに適しており，大気汚染や剪定にも強い． ［福田健二］

●1 コブシの果実（千葉県柏市，福田健二撮影）

●2 タイサンボク（東京都新宿区，福田健二撮影）

●3 ユリノキ林（千葉県柏市，福田健二撮影）

クスノキ科 Lauraceae
Laurel family

　クスノキ科樹木は，シイ類・カシ類とともに暖温帯に分布する常緑広葉樹林（照葉樹林 lucidphyllous forest，lucid（輝く）phyllous（葉）をもった意で，葉の表面に発達したクチクラ層が光に反射して輝くことに由来）を代表し，ゲッケイジュ属ゲッケイジュ（laurel あるいは bay laurel）が人々になじみ深いことから laurel forest ともよばれる．照葉樹林は冷温帯の落葉広葉樹林と比較して構成樹種数が多いが，寒さに弱く温度が低くなるにつれて落葉広葉樹の占める割合が多くなることから，おもに熱帯・亜熱帯地域に分布し，特に東南アジアとブラジルに種類が多く，世界に約 30 属 2500 種ある．
　クスノキ科植物には寄生植物であるスナヅル属植物が含まれる．つる性の多年生草本で，根も明瞭な葉ももたないが，花や果実などの形態から分類される例外的な植物である．オーストラリアを中心に亜熱帯から熱帯に約 20 種が分布する．
　クスノキ科樹種は，地球上で複雑な分布を示している．分布の中心が南アメリカや東南アジアであることから，ゴンドワナ大陸起源を思わせる．約 3 億年前には地球上ただ 1 つの超大陸パンゲアが，その後地殻変動によって分裂して，北半球にローラシア大陸，南半球にゴンドワナ大陸に分裂し，さらに現在の大陸の位置に移動したことが，プレートテクトニクスとよばれる考えによって理解されるようになった（ウェーゲナーの大陸移動説）．南半球のゴンドワナ大陸は消えてしまったものの，そこに生育した植物の分布様式は，不思議な隔離分布をするドクウツギ属（1 科 1 属）樹木のように，地史的変遷を物語っているものと思われる．
　クスノキ科樹木の多くは，材・樹皮・葉に精油細胞があり芳香性に富んでいて，シナモン（桂皮），カンファー（樟脳），薬品・石鹸・香料に用いられるさまざまな精油成分などを含んでいる．ヨーロッパではゲッケイジュの葉が古くから香辛料として用いられていた．また，果物として脂肪に富み「森のバター」とよばれる熱帯アメリカ原産のアボカドがある．わが国に，ニッケイ属（クスノキ，ヤブニッケイ，マルバニッケイなど），タブノキ属（タブノキ，ホソバタブ，コブガシなど），クロモジ属（クロモジ，ダンコウバイ，アブラチャンなど），ハマビワ属（アオモジ，ハマビワ，カゴノキなど），シロダモ属（シロダモ，イヌガシ）など 8 属 28 種ある．ゲッケイジュのほか，中国原産のテンダイウヤク（クロモジ属）は薬用や庭木として植栽する．
　laurel は，似た濃緑色の葉をもつ多くの植物の名前に用いられ，cherry laurel（バラ科サクラ属），Japanese laurel（ミズキ科アオキ属），mountain laurel（ツツジ科カルミア属），spurge laurel（ジンチョウゲ科ジンチョウゲ属）などがあげられる．
　ギリシャ神話によると，神アポロンが恋い焦がれた妖精ダフネ（ゲッケイジュのギリシャ名）はゲッケイジュに姿を変えてアポロンの聖木となったことから，その枝葉で編んだ冠の授与が賞賛の意を表す習わしとなったとされる．また，大学を卒業すると学士 bachelor の称号が与えられるが，語源はラテン語のゲッケイジュの果実（bacca 液果 laureus ゲッケイジュ）を指し，学生時代は結婚が許されないことから独身男性 bachelor を表すようになったとされる．
　科（属）名 Lauraceae は，ケルト語の緑色 laur から出たラテン語に由来．
　樟の漢字（楠は南国から渡来した木のことで，樟ではない）は，その旁から，大きな木材の意．

［梶　幹男・鈴木和夫］

クスノキ科

●1　ダンコウバイの花（東京都東京大学小石川植物園，梶幹男撮影）

●2　ハマビワの果実（東京都東京大学小石川植物園，梶幹男撮影）

ニッケイ属 クスノキ科

Cinnamomum
Cinnamon

　アジアの熱帯から暖温帯とオーストラリア北部に約250種が分布する．樹皮と葉に芳香があり，葉は3脈または羽状脈がある．家具材，彫刻材などに利用される有用な樹種が多い．

　ニッケイ属の植物は香りのよい点で代表的なものである．カレー料理などの香辛料として古くから使われ，最も高貴な香りをもつシナモンは，セイロンニッケイの樹皮を乾燥したものである．同種はスリランカやセーシェル諸島をはじめ世界中の熱帯で栽培されている．もっともシナモンの原料にはいろいろな種類が用いられており，インドネシアのスマトラ島から産するシナモンはブルマニの樹皮で，中国南部から東南アジアにかけて広く栽培されている．樹皮はシナモンとしてヨーロッパやアメリカへ輸出される．アジアではシナニッケイの樹皮が桂皮あるいは肉桂の名で用いられてきたが，これは香辛料というより健胃剤として，また発熱や頭痛などの薬用であった．日本では，中国南部，インドシナ半島原産と考えられるニッケイが江戸時代から栽培されるようになり，その根皮が桂皮の代用品とされるほか，京都の八ツ橋煎餅や飴などの菓子に使われたり，ニッキ水として飲まれたりした．インドではニッケイの葉が香辛料として用いられており，かつてはヨーロッパにまで運ばれていた．

　日本にはニッケイ属の樹種はクスノキ，宮城県以南の本州，四国，九州，沖縄に自生するヤブニッケイ，九州南部から沖縄諸島の海岸の岩場や砂地に自生するマルバニッケイ（*C. daphnoides*），沖縄に分布するシバニッケイ（*C. doederleinii*）の3種がある．

●クスノキ（*Cinnamomum camphora*）

　クスノキは「楠」の字が当てられるように関東以西の暖地性の高木で天然よりも植えられたものが多い．「樟」とも書くように樟脳（しょうのう，camphor）がこの木から採取されることでも知られている．古くから神社，寺院，庭園によく植えられ，成長が速いうえに，丈夫で大気汚染にも強く，かつ長命なので，街路樹にもよく用いられる．常緑樹ではあるが葉の寿命は1年間で，春に新葉がでるころに前年の葉は落ちる．新緑の美しい常緑樹である．関東地方以南，四国，九州から台湾，中国南部，インドシナ半島に分布するが，古くから植えられてきたので，自生の範囲は明確でない．

　樹皮は灰褐色から暗黄褐色で，縦に細かく割れる．葉は互生し，やや革質で表面は濃緑色で光沢があり，裏面は灰緑色である．葉脈は，下部で主脈から分かれる2脈がやや顕著である．葉の表面の主脈分岐部に微細なふくらみがあり，ダニの1種が寄生する．

　材は黄褐色〜淡紅褐色の散孔材*で，比較的軽く，加工しやすい．樟脳を含むため耐朽性，耐虫害性がきわめて高い．玉杢（たまもく），如鱗杢（じょりんもく）などの美しい木目（もくめ）をもつものは床の間の床板などに珍重される．大材が得られ保存性が高いことから社寺建築の柱や土台に用いられた．そのほか家具，彫刻欄間，建築壁板，仏像などの彫刻，木魚，細工物，器具など広い用途がある．法隆寺百済（くだら）観音像（かんのんぞう）など飛鳥時代の木彫仏の材質はほとんどがクスノキであるという．また，大径材が得られ，加工しやすく，水にも強いことから，近畿をはじめ西日本では縄文時代から丸木舟の製造に用いられた．海中に建つ厳島神社の鳥居もクスノキを柱に用いている．

　葉をもむと強い芳香がする．樟脳は根をはじめ幹や枝葉を蒸留して得られ，殺虫剤，医薬，工

●1 マルバニッケイ（鹿児島県屋久島，勝木俊雄撮影）

●2 クスノキ（東京都上野公園，梶幹男撮影）

業原料となり，20世紀前半まで重要な輸出品としてその生産・販売が専売法で制限されていたが，今日では合成樟脳にとってかわられた．環境庁の全国巨樹調査(平成元年)では，目通り(目の高さ)の幹周200 cm以上のクスノキが5162本あり，スギ，ケヤキについで3番目に数が多い樹種であった．鹿児島県蒲生町(現在は姶良市)の八幡神社にある「蒲生の大樟」は樹高30 m，目通りの周囲24.2 m，推定樹齢800年以上で，日本最大のクスノキとして知られる． ［梶　幹男］

タブノキ属　クスノキ科

Machilus
Machilus

　熱帯および亜熱帯アジアに約60種がある．数千万年前の地球規模の大陸移動によって，タブノキの仲間の照葉樹林帯の樹木は，熱帯・亜熱帯アジア，大西洋のカナリア諸島，熱帯・亜熱帯アメリカの3つの地域に隔離分布している．

　わが国には本州以南の主として海岸に多いタブノキ(別称イヌグス)，以西の山地に分布するアオガシ(別称ホソバタブ)，小笠原諸島に固有のコブガシとムニンイヌグスがある．

　コブガシは，やや湿った山地林に生育し，小枝の節部がこぶ状に肥大し，新枝や若葉には，褐色毛が密生し，鉄さび色にみえるのが大きな特徴．南硫黄島は，亜熱帯地域の原生の自然が残されていることから，昭和51年5月に屋久島とともに日本最初の原生自然環境保全地域に指定された．山頂付近は厚い火山灰土におおわれ，常時雲がかかり，空中湿度が高いため，樹幹が蘚類に厚くおおわれたコブガシが優占するいわゆる雲霧林が発達している．ムニンイヌグスは小笠原の父島，母島，兄島に分布し，尾根筋や台地上の明るい林内や林縁に多く生育する．

　タブノキ，ホソバタブのほかインド産や台湾産のタブノキ属の樹皮から浸出あるいは抽出された抽出液に，真菌水虫や皮膚疾患(湿疹，搔痒)時におけるかゆみ止め作用があることや抗菌，除菌作用があることが知られている．

●タブノキ (*Machilus thunbergii*)

　本州〜九州，琉球のおもに暖かい沿海地に生育する．南では内陸の山地にもみられるが，東北地方では沿海地に限られる．クスノキは関東地方が分布の北限であるのに対して，タブノキは青森や岩手県の沿海地まで分布している．山形県北西の日本海に浮かぶ飛島のタブ林は有名である．朝鮮半島南部，台湾および中国南部まで分布する．主に海岸付近の肥沃な沖積地に樹林を形成するほか，各地の社寺林などに大きな老木がみられる．スダジイなどとともに暖温帯の代表的な樹種である．タブノキは漢字では「楠」と書く．日本ではクスに「楠」を用いているが，中国ではタブノキ類が「楠」である．

　枝は横に張り，側枝が主軸よりも長く伸張する仮軸分枝*を繰り返すので，全体として豪壮な傘状の樹冠*を形成する．葉は枝の先端に集まってつき，革質で厚く，光沢があり，日本の常緑広葉樹が特に照葉樹とよばれるゆえんである．同じ常緑広葉樹であるアカガシなどの多くのカシの仲間は，枝先に数個の芽がかたまってつくが，タブノキは枝先に大きな芽をただ1個つける．

　タブノキにはタモ，クスダモなどの別称があり，北陸から山陰にかけてタモノキとよばれる．タモ，ダモ，タブは同源で霊(タマ)に由来する．つまり霊木を指す．また，タブノキはイヌグスともよばれ，クスノキよりも低くみられがちであるが，淡黄褐色の材は緻密で適度のかたさが

キノコ 9

グロムス類（*Glomus* spp.）

　グロムス科グロムス属．分子系統解析によって，グロムス科を含むグロメロ菌類（Glomeromycota）は，担子菌*や子嚢菌*と共通の祖先をもつが，明らかに異なるグループであることが明らかにされた（Redecker & Raab 2006）．つまり，一般的なキノコとは全然違った，もっと古い時代に分化したキノコというわけだ．グロメロ菌類は，世界で約200種程度が報告されている．そのほとんどの菌種は植物の根に共生する菌根菌*であるが，担子菌のつくる菌根（13ページ参照）とは形態的に異なるアーバスキュラー菌根（AM）をつくる．このため，アーバスキュラー菌根菌（AM菌）として総称されることの方が多い．AM菌は，コケ植物から被子植物まで，陸上植物の8〜9割に共生して宿主植物の成長を支える普遍的な菌類である．約4億年前の化石にもAMが確認されており，植物が上陸する進化の過程で環境の変化に対応できたのもAM菌との共生があったからだといわれる（Remy *et al.* 1994）．

　多くのAM菌の胞子は0.1〜0.5 mm程度と大きく，通常は土壌中の菌糸上に一つ一つ単独で形成される．しかし，グロムス属などの一部の菌種は1〜2 cm程度の小さなジャガイモのようなキノコを地中に形成する．写真のようなキノコの中には大きな球形の胞子がびっしり詰まっていて，かたくてもろい．こうしたキノコを形成する菌種と胞子を単生する菌種がどのような系統関係にあるのかは，ようやく研究が始まったばかりでほとんど未解明といっていい（Redecker *et al.* 2007）．国内でもクスノキを含むさまざまな樹種の下からグロムス類のキノコが何種か見つかっている．

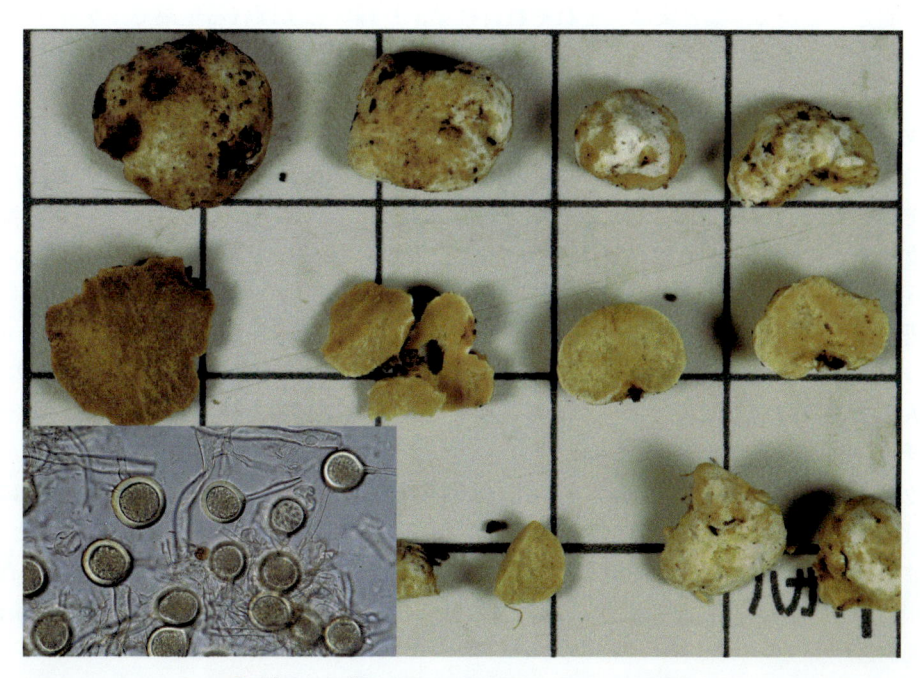

[奈良一秀]

●グロムス類（神奈川県葉山町，奈良一秀撮影）

あり，工作しやすく有用なことから，日本の暖温帯地域の人々とに昔から利用されてきた．また，古くから船材に適し，昔，朝鮮半島から日本に渡来した船は，すべてタブノキの材で造られたという．さらに根はしばしばこぶを生じ，その木目が美しいため，喫煙パイプ，茶棚，置物棚，盆のほか，美術品彫刻に使われた．

昔から魚付林(うおつきりん)として保護されてきた林や沿岸部の社寺林には，しばしばタブノキの巨木が見いだされる．関東地方にはタブノキの巨木が多く，幹まわり9mで日本一の神奈川県清川村の「煤ケ谷のしばの大木」がある．種子による繁殖や稚樹の移植が簡単なうえ，耐陰性，耐潮性，耐風性が強いので海岸近くの防風・防潮樹に用いられるほか，公園や庭園にも植栽される．［梶　幹男］

■ ゲッケイジュ Laurus nobilis
—ゲッケイジュ属　クスノキ科

クスノキ科ゲッケイジュ属は世界に2樹種あり，地中海沿岸にゲッケイジュが，カナリア諸島，アゾレス諸島の照葉樹林に L. azorica が分布している．夏期に雨が少ない地中海地方では，コルクガシ，オリーブに代表されるように，葉が小型でかたく，乾燥に耐える硬葉樹が出現する．ゲッケイジュは，小アジア，ギリシャ，イタリア半島に分布する硬葉樹の一つで，樹高5～10m，常緑の小高木～中高木．フランスの地中海沿岸地域やスペイン南部にも分布しているが，古くから植栽されており，これらの地域が本来の自生地であるかは不明．葉身は先がとがった長楕円形，長さ5～10cmの葉を互生し，葉腋に緑色を帯びた淡黄色から黄色の小さな花を4月ごろ密生させる．雌雄異株で，日本で植栽された雌木はまれである．

小枝と葉には芳香があり，これは葉にシネオール，オイゲノール，ゲラニノールなどの芳香性の精油が含まれているためで，葉からとった油を月桂油という．シネオールは蜂さされやリウマチ，神経痛などに効果があるとされ，果実は脂肪油と精油を含み，健胃剤や発汗薬としてヨーロッパでは内服されている．葉と実は，それぞれ月桂葉，月桂実とよばれる生薬で，ゲッケイジュの葉は香辛料として料理に使われる．葉を乾燥したものが月桂葉で，ローレル（ローリエ），ローレル葉，ベイリーフの名前で，スパイスとして売られている．

ローマ時代，ゲッケイジュの葉と実は万能薬とされており，病人のいる家の戸口にこの小枝をつるした．やがて若い医師が頭にこの実（bacca lauri）をのせる習慣が生まれ，今日，学士の称号として用いられている"baccalaureate"のもとになった．

ゲッケイジュのギリシャ名はダフネ（Daphne）といい，ギリシャ神話に出てくる妖精の名前．父ペネイオスはアポロンに追われ救いを求めるダフネを1本のゲッケイジュの姿に変え救った．これを悲しんだアポロンはその後ゲッケイジュを聖木とし，王冠を飾るようになったとされる．アポロンが詩歌，音楽，弓術の神であったことから，優れた詩人や各種競技の勝者にこの木の枝葉で編んだ冠（月桂冠）を授ける習わしが生まれたとされている．また，Daphne は似た葉をもつジンチョウゲの属名にもなっている．

ゲッケイジュは，挿し木，株分け，実生により容易に繁殖でき，16世紀にイギリスに入り，ついで北欧，アメリカに渡り，現在では世界中で街路樹，庭園樹，記念樹，生垣樹などとして広く植栽されている．日本には，明治4年（1871年）に渡来し，広く知られるようになったのは，明治39年（1908年），東郷平八郎が日露戦争の戦勝記念樹として東京・日比谷公園に植えて以降である．

属名はケルト語の laur（緑色）に由来し，種小名の *nobilis* はラテン語で「高貴な」の意．

［白石　進］

●1　北限地帯のタブノキ（秋田県にかほ市，梶幹男撮影）

●2　ゲッケイジュ（勝木俊雄撮影）

●3　カゴノキ（勝木俊雄撮影）

カゴノキ *Actinodaphne lancifolia*
―カゴノキ属　クスノキ科

　カゴノキ属は東アジアからマレーシア，インドにかけて約70種が分布している．わが国には，カゴノキ，バリバリノキ（*A. longifolia*，別名アオカゴノキ）の2種があり，共に常緑の高木．

　カゴノキは，日本では照葉樹林を代表する樹種の一つで，陰樹であり，幼稚樹は庇陰下でもよく生育する．石川県以南の本州，四国，九州，南西諸島，さらに済州島，台湾，中国中部の暖地まで分布している．通常，樹高は10〜15 m，葉は薄く革質，倒披針形から倒卵状長楕円形で，先端がやや突出するが鈍頭，長さ5〜10 cm．葉のつけ根（葉腋）から散形花序の小さな花を密生させる．雌雄異株，果実は倒卵形の液果で翌年の夏に赤く熟す．

　樹皮は幼樹では淡紫黒色・平滑で，大きくなるにつれて円形の薄片となって剥離し，そのあとが斑紋状に灰白色になり，鹿の子模様を呈する．樹皮をみただけで容易に名前を言い当てることができる数少ない樹種の一つである．わが国でも街路樹としてよく植栽されているモミジバスズカケノキ（プラタナス，*Platanus × hispanica*）も同様な特徴をもっている．和名の「カゴノキ」はこのような樹皮の特徴に由来し，「鹿子の木」の意味．属名の*Actinodaphne*は葉形が*Daphne*（ジンチョウゲ）に似ており，しかも放射状（aktis）につくことによる．また，種小名の*lancifolia*はその葉形（披針形）を表している．地方によりコガやコガノキ（近畿以西），ホシコガ（九州），カノコガシ（神奈川，愛知），サルスベリ（静岡，山口，高知，壱岐）の名でよばれている．　　　　　　　［白石　進］

ヤマグルマ属　ヤマグルマ科

Trochodendron
Trochodendron

●ヤマグルマ（*Trochodendron aralioides*）

　ヤマグルマただ1種だけからなる属で，1属1種で独立したヤマグルマ科（Trochodendronaceae）として扱われる．

　遺存的な常緑高木種で，本州から四国，九州，台湾に分布している．学名のTrocho-は輪の意で，dendronは樹木の意，和名のヤマグルマとともに輪生状の葉のつき方に由来する．山地の岩場に生えるほか，屋久杉の樹上に着生したり，八丈島の火口などで純林状の群落をつくったりしている．葉は楕円形〜細長く革質で，枝の先端に輪生状にまとまってつく．葉の細いものを品種ナガバノヤマグルマ（*T. aralioides* f. *longifolium*）として区別することもあるが，変異は連続的である．花は，雄花のみをつける株と両性花をつける株がある雌雄異株で，果実はシキミの実に似た袋果*である．古来，樹皮を水に漬けて臼でついてトリモチをつくるのに用いられたことから，モチノキ，イワモチなどの地方名がある．

　一般に，原始的な植物である針葉樹（裸子植物）では，幹の形成層で幹の内側（木部側）へ分裂した細胞はほとんどが仮道管へと分化し，通水機能と強度維持機能の両方を仮道管が担っている．一方，より進化した植物群である広葉樹（被子植物）では，通水は太い道管が効率よく行い，樹体の強度を増すのは細長く細胞壁が厚い木繊維や繊維状仮道管が担う．広葉樹材は木繊維が多数存在するために一般に針葉樹材よりもかたいことから，広葉樹あるいはその材を英語ではhardwoodとよび，針葉樹材をsoftwoodとよぶ．ヤマグルマは，被子植物でありながら例外的に木部に道管をもたず仮道管が通水機能をもつ無道管被子植物で，まるで針葉樹のような材構造をもつ．また，放射組織が大きいといった広葉樹材らしい特徴もみられる．ただし，ヤマグルマの仮道管どうしをつなぐ壁孔は，針葉樹のような有縁壁孔*ではなく，道管要素をつなぐ穿孔部分のような階段状の孔になっている．

　ちなみに，裸子植物であっても，針葉樹類よりも進化的に進んだグループと考えられているマオウ属（*Ephedra*），キソウテンガイ属（*Welwitchia*），グネツム属（*Gnetum*）は，木部に道管をもっている．これらは，被子植物の祖先ではないかと考えられたこともあったが，現在では直接の祖先ではないとされている．

　氷河期や人類による攪乱の歴史をこえて，ヤマグルマ，フサザクラ，カツラといった原始的な被子植物が日本に多く生き残っていることは，日本の森の豊かさを象徴している．　　［福田健二］

ヤマグルマ属

●1　ヤマグルマの果実（勝木俊雄撮影）

●2　屋久杉の樹上に着生するヤマグルマ（右上の輪生状の葉，福田健二撮影）

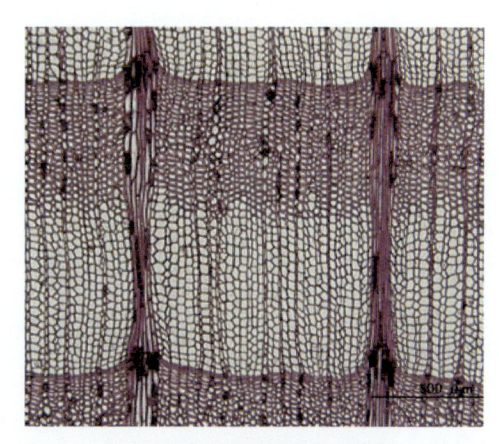

●3　ヤマグルマの木材．（標本提供：東京大学森林植物 TOFO，福田健二撮影）

フサザクラ *Euptelea polyandra*
——フサザクラ属　フサザクラ科

　フサザクラは，サクラと名前はついているがバラ科サクラ属の仲間ではなく，フサザクラ科に分類される樹木である．フサザクラ科には日本の本州から九州に分布するフサザクラと中国西部からヒマラヤにかけて分布するシナフサザクラ（*E. pleiosperma*）の2種がある．花は短枝の先に数個の花が集まって咲く．しかし，花被（花弁や萼）がないため，赤い雄しべはよく目立つものの，よくみないと咲いているかわからないほどである．形態分類の比較対象となるべき花被が存在しないので，フサザクラはスズカケノキ科やカツラ科など，同様に花被がないグループと近縁だと考えられてきた．しかし葉緑体DNAの分析からはケシ科やメギ科・アケビ科などと近縁だとの報告がされており，上記の分類は，系統とは関係なく，単に花被がない点が同じだけだった可能性もある．フサザクラの別名は谷桑で，谷沿いの崩壊地などに多くみられ，他の植物がなかなか定着できない砂礫地でも生育することができる．そのため，山地の崩壊地などの治山（植林などをして山を治める）植物として利用されることが期待されている．

［勝木俊雄］

●1 フサザクラの花（勝木俊雄撮影）

●2 フサザクラの実（勝木俊雄撮影）

カツラ属 カツラ科

Cercidiphyllum

Katsura tree

　新生代*古第三紀*の温暖な時代に北極周辺で分化した落葉広葉樹を中心とした植物群は第三紀周（北）極植物群*とよばれる．その中には，スギ科落葉針葉樹（スイショウ属，メタセコイア属，ヌマスギ属）やカツラ属のほかノグルミ（クルミ科），ハンノキ，ハシバミ（カバノキ科），コナラ，ニレ，スズカケノキ，カエデ各属などの落葉広葉樹が含まれ，当時は北極周辺に温帯性の落葉樹林が広がっていたことをうかがわせる．イチョウ，メタセコイア，ヒッコリー（クルミ科），スズカケノキ，ヌマミズキ（北アメリカ原産，ヌマミズキ科）など，古第三紀に日本で繁栄し，その後日本列島では絶滅した植物は多い．しかし，スギ，コウヤマキ，ノグルミ，カツラ，ヤマグルマ各属など古いタイプの植物が日本列島には残存している．日本は中国とともに，世界で最も古第三紀からの植物が残存しているといっても過言ではない．

　カツラ科のカツラ属もその一つで，中生代*の白亜紀*から古第三紀には北半球の各地に広く分布していた．いまでは，カツラとヒロハカツラの2種が日本に，カツラの1変種が中国中部にみられるだけである．ヒロハノカツラ（*C. magnificum*）は，短枝の葉の先端が円形で，種子の翼が両端にあることでカツラと区別される．東北・中部地方の亜高山帯に分布し，カツラと同じく渓流沿いの湿った肥沃地に生育する．

　カツラの漢名は連香樹で，日本では桂が使われる．中国で桂と書くと，肉桂のようにクスノキ科の樹木を主に指す．属名はカツラの葉の形がマメ科ハナズオウ属（*Cercis*）に似ていることに由来する．ただし，葉のつき方がカツラ属は対生，ハナズオウ属は互生であり，似ているのは葉の形だけということになる．

● **カツラ**（*Cercidiphyllum japonicum*）

　カツラは，北海道全域から鹿児島県北部までの温帯山地の渓谷沿いなど湿り気のある肥沃な土地に生え，渓谷林を構成する樹種の一つである．葉はハート形で，長枝では対生し，次年度はその葉腋からで出た短枝に1枚の葉がつく．春の雪解けのころ，葉の展開前に開花した真っ赤な雄花は美しい．萌芽力が旺盛で無数のひこばえ*を出し，主幹が朽ちてもそのひこばえが次代の命をつなぐ．しばしば株立ちした幹がそれぞれまっすぐに伸び上がった姿は壮観である．カツラは春の芽吹きも美しいが，秋の黄葉も古来より人々の注目を集めてきた．

　カツラの語源は香出といわれる．夏から秋に葉を採集して乾かし，粉にして香をつくるのでコウノキの地方名が宮城，山形，福島，新潟，長野の各県にある．黄葉時期にカツラの木の近くを通ると，縁日の綿飴に似た甘い香りがする．これは枝と葉柄との境目にできる離層とよばれる細胞の層からでるマルトールという芳香成分によるものだ．また，落葉が醤油に似た香りを発散することから，長野・岡山の両県ではショウユノキなどの呼び名もある．京都の葵祭には，ウマノスズクサ科のフタバアオイとともにカツラの葉がかざされるが，フタバアオイが減った今日，ほどんどがカツラの葉になっている．日本では，カツラには桂の字が当てられるが，桂は中国では香木の総称で，モクセイを表す場合もある．

　カツラ材は心材が褐色で辺材は黄白色，均質で変形しにくいことから，建築や家具，楽器，彫刻，将棋盤や碁盤などに広く利用される．木材業者は材の赤味の多いものをヒガツラ，青っぽい

●1　カツラの雄花（北海道芦別市，梶幹男撮影）

●2　カツラの果実（北海道富良野市東京大学演習林，梶幹男撮影）

●3　カツラの樹形（北海道富良野市東京大学演習林，梶幹男撮影）

ものをアオガツラとよぶが，用材としてはヒガツラが上等で，値段も高い．アイヌの人々にとっては，丸木舟をつくる大事な木であった．

　近年，都内でも街路樹として使われるほか，公園緑地には景観木や緑陰樹として植えられる．1988年（昭和63年）に環境庁が実施した巨樹・巨木林の現況調査によると，全国巨樹上位60本のうち，クスノキが34本で圧倒的に数が多いが，2位のスギが11本で，カツラは5本で第3位である．そのうち，岩手県九戸郡軽米町の天然記念物「古屋敷の千本桂」が幹周15.3 mで，日本一大きいカツラであった．カツラの巨樹は，近年発見されたものも多く，今では山形県最上町の幹周19.2 m，樹高40 mの「権現山の大カツラ」が単幹では日本一のカツラである．枝のしだれるシダレカツラは岩手県の早池峰山麓で約400年前に発見されたカツラの変種で，盛岡市内の龍源寺など3カ所のシダレカツラが国の天然記念物に指定されている．　　　　　　［梶　幹男］

マタタビ *Actinidia polygama*
―マタタビ属　マタタビ科

　マタタビは，マタタビ科（Actinidiace）に属するつる植物である．マタタビ科は3属約300種が熱帯から温帯にかけて分布し，日本にはマタタビ属（*Actinidia*）と，高木，低木になるタカサゴシラタマ属（*Saurauja*）がある．マタタビ属はすべて落葉性のつる植物で，36種がアジアに分布し，日本にはマタタビ（*A. polygama*），ミヤママタタビ（*A. kolomikta*），サルナシ（*A. arguta*），シマサルナシ（*A. rufa*）の4種がある．なお，キウイフルーツは中国原産のオニマタタビ（*A. chinensis*：別名シナサルナシ）を栽培化したもので，日本を含む世界各地で栽培されている．

　学名のActin-は放射状の意で，雌しべの先端が放射状に開くことから名づけられた．和名のマタタビは，疲れた旅人が実を食べて元気を回復し「また旅」に出たから，という俗説があるが，本当は果実にできた虫こぶに亀甲状のしわがあることから，アイヌ語でマタタンプ（冬の亀甲）とよばれていることに由来するらしい．これは，マタタビミタマバエというタマバエの仲間が果実に侵入して変形したものである．

　「猫にまたたび」といわれるが，マタタビ属植物にはアクチニジン（actinidin）や数種のイリドイドが含まれ，これらがネコ科動物だけに特異的に興奮作用を示すことが知られている．

　マタタビは日本，朝鮮半島，中国に分布し，雌雄異株である．葉はサクラ類の葉に似て互生する．花はウメの花に似た5枚の白い花弁をもち美しいが，茂ったつるの内側につくので目立たない．一方，シュート*先端近くについた葉は，葉先が半分ほど白く変色する性質があり，遠くからよく目立つ．実は細長くて先がとがる．そのままでは辛いが，塩漬けにして酒肴にしたり果実酒をつくるのに使われ，疲労回復の効果がある．

　ミヤママタタビは，北海道から四国の山地帯から亜高山帯，シベリア，中国，朝鮮半島に分布し，マタタビによく似ているが，葉先は白ではなくピンク色になる．また，茎を斜めに切ると，マタタビでは白い髄組織が中央に詰まっているのに対して，ミヤママタタビとサルナシでは褐色の膜で階段状に仕切られた空洞になっている．

　サルナシは，シラクチヅル，ハシカズラともよばれ，日本全国の暖帯から温帯，朝鮮半島，中国，サハリンに分布する．果実は先が丸くコクワともよばれ，甘くて食べられる．小さいが実の横断面はキウイフルーツそっくりである．葉は表面に光沢があり葉柄が赤くなることが多い．サルナシのつるは丈夫で腐りにくいことから，いかだを縛ったり，吊橋のつるとして各地で用いられてきた．なかでも徳島県の「祖谷のかずら橋」は観光名所となっている．　　　　［福田健二］

● 1　マタタビの花（埼玉県秩父市，福田健二撮影）

マタタビ

●2　マタタビの葉（勝木俊雄撮影）

●3　祖谷のかずら橋（徳島県三好市役所観光課提供）

ツバキ属 ツバキ科
Camellia
Camellia

　ツバキ属は，東南アジアの亜熱帯から中国，日本の温帯の多雨地域に分布する常緑高木または低木で，近年，特に中国で多くの種が発見されており，約200種を数える．ツバキ属が含まれるツバキ科の仲間の多くは常緑樹で，互生する光沢のある厚い葉をもつが，ナツツバキのように落葉樹もある．チャノキは世界中で嗜好品（飲料）として好まれ，ツバキやサザンカは観賞用花木として数多くの品種が育成され，また，サカキ，ヒサカキは神事に用いられるなど，多くの有用な資源植物を含んでいる．

　ツバキとともに冬の代表的な花木とされるサザンカ *C. sasanqua* は，西南日本に分布する常緑小高木．日本固有種で，野生の花は白色一重．サザンカは，花が秋に咲き，完全に平開して花びらが1枚ずつ散る，芳香性があるなど，ツバキとは異なる多くの特徴をもっている．

　チャノキ（*C. sinensis*）の起源は，中国の南西部あるいはミャンマーのイラワジ河源流とされ，ここから東方や南方に分布を拡大し，低木で小葉のチャ（var. *sinensis*，中国型）と高木で大葉のアッサムチャ（var. *assamica*，アッサム型）の2変種に分化したといわれている．中国型は耐寒性が高く，タンニンの含有量が少なく，酸化酵素（ポリフェノールオキシダーゼ）の働きが弱いため，蒸したり（煎茶）炒る（釜炒り茶）だけで酵素の働きを抑えることができることから緑茶用に用いられる．一方，アッサム型はタンニンを多く含むとともに，この酵素の働きも強いのが特徴である．このため酵素の働きを利用し茶葉を発酵させることによってタンニンと化学結合しているカフェインを分離し，紅茶独特の芳香と紅色の色素を作り出す．なお，両者の中間が半発酵茶で，中国の福建省，広東省や台湾で生産されるウーロン茶は，発酵途中で加熱し，発酵を止めてつくられる．

　属名の *Camellia* は，17世紀にイエズス会宣教師としてフィリピンで活動，また植物学者としてツバキをヨーロッパに初めて紹介したチェコ人のカーメル（Georg Joseph Kamel）にちなんでリンネが命名した．

● **ヤブツバキ**（*Camellia japonica*）
　ツバキ（椿）は，狭義には野生種のヤブツバキを指し，園芸種を含めたツバキ属植物の総称としても使われている．ヤブツバキは，照葉樹林を代表する常緑高木で，照葉樹の植生を植物社会学では「ヤブツバキクラス」とよぶ．南西諸島から青森県夏泊半島まで分布し，ツバキ属全体の北限となっている．光沢のある厚い葉には細鋸歯があり，冬から春に鮮紅色の大きな花をつける．雄しべは花糸基部で合着し，さらに花弁と合体しているため，萼(がく)の部分から丸ごと落花する．この様子は首が落ちるさまと重なり，武士が嫌ったとされているが，後世の流言ともいわれている．

　日本海側の多雪低山帯には，ユキツバキ（*C. rusticana*，雪椿）が分布している．豪雪に適応したヤブツバキの生態型とし，亜種や変種とする説もある．樹形（叢生状）や枝（折れにくい）などに特徴がある．南西諸島には，ヤブツバキの変種ヤクシマツバキ（var. *macrocarpa*）が自生する．

　ツバキは日本の民俗や文化と深くかかわり，『万葉集』には，「都婆伎」，「都婆吉」の万葉仮名で書かれている．奈良時代にはすでに庭木として植えられ，室町時代末期以降，品種が育成されて，茶花として好まれた．侘助(わびすけ)はその代表格である．江戸時代には品種改良がさらに進み，肥後ツバキ，江戸ツバキ，京ツバキ，中京ツバキなどの優れた品種群が育成された．18世紀以降，長

●ヤブツバキの花（東京都東京大学小石川植物園，梶幹男撮影）

崎からヨーロッパに輸出され，世界中に広がり，世界的花木となった．

　実から採れるツバキ油（椿油）は，食用油，化粧品，薬用などに使われる．材は堅く緻密で摩耗に強く，木目がほとんどないことから工芸品，印材，彫刻材などに使われる．

　学名の*japonica*は「日本の」意．和名の由来は，「厚葉木（あつばぎ）」，「津葉木（つばぎ）」（艶葉木），「強葉木（つばぎ）」など諸説がある．春に咲く木と書く「椿（つばき）」は日本の文字で，中国で「椿（ちん）」はセンダン科チャンチンを指す．

［白石　進］

ナツツバキ属　ツバキ科

Stewartia
Stewartia

　ナツツバキ属は，花の下に2個の葉状の苞（小苞）がある点，萼（がく）と花弁をはっきり区別できる点でツバキ属とは異なる．

　本属は，東アジアと北アメリカに8種が分布し，ナツツバキ，ヒメシャラ，ヒコサンヒメシャラが本州，四国，九州に自生する．酸性土壌を好み，カルシウム分（特に炭酸カルシウム）を多く含む土壌では成長が悪く，嫌石灰植物といわれる．また，湿潤なところを好み乾燥には弱い．

　ナツツバキの仲間の最大の特徴は，なめらかな赤褐色から黄褐色の木肌（樹皮）をもつことで，幹が肥大するのに伴い，古い樹皮がコルク層から斑紋状にはがれ落ち，常に新しい樹皮が表面に現れて滑らかな木肌が保たれている．木登り上手の猿でさえ滑り落ちると思わせるほどつるつるしていることから，地方によってはサルスベリ，サルナメ，サルタなどの名でよばれている．よ

く庭や公園などに植えられるサルスベリ（百日紅）は中国南部原産で，ミソハギ科の落葉性の中高木．また，わが国に自生するリョウブは木肌が似ていることからサルスベリとよぶ地方もある．

この属の植物は，独特な木肌と気品のある白い花をつけるといった特性が好まれ，いくつかの樹種は庭園樹，観葉植物として珍重されている．

ナツツバキは，ヒメシャラとは異なり，日本海側の地域にも進出しており，北陸，中国地方にも自生している．樹皮は，同じようにサルスベリとよばれているリョウブ（*Clethra barbinervis*）の木肌に最も似ている．葉に光沢はあるが，ツバキのように肉厚ではない．梅雨から初夏にかけて，直径 5～7 cm の白い大きな花をつける．

ナツツバキは，別名をシャラノキ，サラノキ（娑羅樹）といい，仏教聖樹の娑羅双樹（さらそうじゅ）に擬せてこの名がついたとされる．「祇園精舎の鐘の声 諸行無常の響きあり．娑羅双樹の花の色 盛者必衰の理をあらはす．」は『平家物語』の冒頭の一節で，ナツツバキは朝に開花し夕方には落花する一日花であることから，平家物語では「世の無常の象徴」として描かれている．死期を悟った釈迦（しゃか）が涅槃（ねはん）に入ったとされる娑羅双樹は，ヒマラヤの南に分布し，サンスクリット語でシャーラ（sala）とよばれるフタバガキ科の落葉性高木 *Shorea robusta* で，なぜ日本でナツツバキがこれに当てられるようになったのか諸説があり定かではないが，白く清楚で可憐な一日花は日本人がもつ無常観に通ずるところがある．

属名は，18世紀中期のイギリスの首相で，植物愛好家でもあったビュート伯ジョン・スチュアート（John Stuart）の姓から名づけられた．

●ヒメシャラ（*Stewartia monadelpha*）

ヒメシャラは，神奈川県箱根以西の本州，四国，九州（屋久島を含む）の主として温帯に分布（暖帯上部にも多少は出現）し，西南日本の太平洋側のブナ林を構成する代表的な樹種である．やや陽樹であることから，疎開された森林内で群落を形成することが多く，樹高は通常，10～15 m で，大きいものは樹高 20 m，直径 80 cm．樹皮の色は，ナツツバキより明るく赤褐色で，ナツツバキに比べ小さい葉をつける．6～7月に直径 2 cm ほどの白い小さな花が咲く．

庭木として珍重され，葉，花が小さいことから園芸では鉢物にも向く．皮をつけたまま床柱に使うほか，器具材，くり物材，印材などにも使用される．はがれた樹皮（鱗片）は堅く，表面がざらついているため，かつて紙ヤスリとして使われたこともある．

種名の *monadelpha* は「単体雄蕊（ゆうずい）」の意味で，この仲間は，すべての雄蕊（雄しべ）の花糸が基部でひとまとまりになっていることに由来する．和名のヒメシャラは「姫シャラ」の意で，葉，花とも，ナツツバキ（シャラノキ）より小さいことからこの名がつけられた． ［白石　進］

■サカキ *Cleyera japonica*
—サカキ属　ツバキ科

神社の境内などに植栽されることから天然分布は明確ではない．関東以西の本州，四国，九州，南西諸島，台湾，中国，フィリピン，さらにはヒマラヤまで分布しており，ヤブツバキとともに照葉樹林を代表する樹種．サカキ属は，アジアには本種1種のみで，葉の形態に大きな種内変異があるため，いくつかの変種に分けられることがある．

サカキはその枝を神事に用いたり，玉串として神前に供えるなど，なじみの深い樹木である．古来は，神が宿る特別な場所（依代（よりしろ））とされた常緑の植物はサカキの他にも多数（例えば，オガタマノキ（招（お）ぎ霊（たま））やタブノキ（霊（たま）の木））あったが，いつしかサカキを指すようになった．サ

●1 ヒメシャラ（宮崎県尾鈴山，福田健二撮影）

●2 サカキの花（東京都東京大学小石川植物園，梶幹男撮影）

カキは陰樹で，庇陰下でもよく成長し，庭木として植栽される．

　サカキは比較的温暖な地域でしか生育できないため，関東以北ではヒサカキ（*Eurya japonica*）が代用される．この種は，岩手および秋田まで自生していて，サカキと同じツバキ科であるが，ヒサカキ属に分類される．ヒサカキの葉は小型で縁に鋸歯があり，大型で鋸歯のないサカキの葉と容易に区別することができる．近年，神事に使われるサカキは，栽培されたヒサカキが多くなっている．また，葉が密で，芽吹きがよく，刈り込みに適していることから庭園木としても広く利用される．ヒサカキの由来はサカキにくらべ小さいことから「姫サカキ」とも，サカキでないことから「非サカキ」ともいわれている．

　サカキの語源については諸説あり，神と人との境界にある木（境木），常に葉が緑で栄えている樹（栄樹），神聖な木（賢木）などがあり，定かではない．「榊」という字は，このようなサカキの性質を表すために，「木」と「神」を組み合わせて日本でつくられた国字である．

　属名の *Cleyera* は，医師で植物学者（長崎出島のオランダ商館長）のアンドレアス・クライヤー（Andreas Cleyer）に由来し，*japonica* は「日本の」の意．

［白石　進］

スズカケノキ属 スズカケノキ科

Platanus
Sycamore

　スズカケノキ科（Platanaceae）の唯一の属で，いずれの種も落葉高木である．バルカン半島からヒマラヤとインドシナ半島に各1種と，北アメリカ・メキシコに6〜7種が分布する．葉は掌状で托葉をもち，葉柄内に翌年の腋芽を包み，葉，萼（がく），果実に星状毛をもつ．雌雄同株で雄花と雌花をつける．果実は球形の集合果で長い柄をもつ．

　和名の由来は集合果の垂れ下がる様子が鈴を懸けたようだからと『牧野日本植物図鑑』などにも説明されているが，本来は，山伏が「篠懸（すずかけ）の衣」とともに身に着ける「結袈裟（ゆいげさ）」についている丸い房（梵天房）に似ていることから名づけられたのだという．ちなみに，キノコの一種ヤマブシタケも同じように丸い房状をしている．山伏の姿で奥州に向かう義経・弁慶一行が，安宅の関所で関守の富樫から検問を受けるが弁慶の機転で無事通過するという歌舞伎「勧進帳」は，非常に人気のある演目の一つであるが，その謡い出しは，「旅の衣は篠懸の…」である．

　学名の英語読みである「プラタナス」という呼び名も日本では一般的であるが，英語の普通名は，イギリスでは plane tree，アメリカでは buttonwood や sycamore で「プラタナス」とはあまりいわない．

　スズカケノキ（*P. orientalis*）はバルカン半島とヒマラヤに隔離分布し，古くからヨーロッパで街路樹にされてきた．日本では明治初めに小石川植物園に植栽されたものが最初とされる．葉は深く5〜7裂し，集合果は3〜6個の玉が1房となって下がる．樹皮は広い薄片となってはげ落ち，あとに模様ができる．アメリカスズカケノキ（*P. occidentalis*）は，葉の切れ込みは浅く，丸い集合果は1つずつつく．樹皮は乳白色で小さな薄片となってはげ，老木では褐色で縦に厚くひびわれる．どちらの種も日本では植えられることは少ないが，東京の小石川植物園や日比谷公園には明治期に植えられた老木がある．それぞれの学名の種小名である *orientalis* は「東（オリエント）の」，*occidentalis* は「西の」の意で，命名者は分類学の祖カール・フォン・リンネ（Carl von Linnaeus）である．リンネの命名した植物には，東南ヨーロッパの種に *orientalis*，北アメリカの種に *occidentalis* というものが多数ある．ヨーロッパからみればアメリカ大陸は西側にあるからである．

●モミジバスズカケノキ（*Platanus × acerifolia*）

　スズカケノキ属の樹木で，日本で最もふつうにみることができるのは，モミジバスズカケノキで，スズカケノキとアメリカスズカケノキの雑種とされる．種小名は，カエデ（*Acer*）に似た葉（folia）の意で，和名のモミジバスズカケノキはその和訳である．前2種の中間的な性質を示し，葉はやや深く切れ込んだカエデ形で，集合果は長い柄をもち2, 3個ずつつく．樹皮は褐色ないし淡緑色，大きな薄片となってはげ，あとに鹿の子まだらの模様ができて美しい．ヨーロッパでは古くからこの雑種が知られており，日本では明治40年ごろから挿し木で増殖され各地に街路樹や庭園樹として植えられた．剪定や大気汚染に強く，現在でも街路樹として最もよく使われる種の一つである．雑種だが種子ができ，実生もみられる．

　葉や実が本種に似ているマンサク科のモミジバフウ（*Liquidamber formosana*）は，葉がさらにカエデによく似ていることや，集合果の実の1つ1つにトゲがあることで区別できる．［福田健二］

スズカケノキ属

●1 モミジバスズカケノキの集合果（千葉市, 福田健二撮影）と山伏の篠懸の衣（羽黒山荒澤寺正善院蔵, 写真提供：千葉県立中央博物館）

●2 スズカケノキ属の3種. 左上：スズカケノキ. 葉は深裂. 樹皮は灰褐色. 右上：アメリカスズカケノキ. 葉は浅裂. 樹皮は褐色でひびわれる. 右上：モミジバスズカケノキ. 葉は中間的. 樹皮は淡褐色の斑状.

マンサク *Hamamelis japonica*
―マンサク属　マンサク科

　マンサクはマンサク科（Hamameliaceae）に属す落葉小高木で，北海道渡島半島から鹿児島県の高隈山までの暖帯上部から温帯林に広く分布する．マンサク科は温帯から熱帯に分布する木本植物の科で，落葉性のマンサク属（*Hamamelis*），トサミズキ属（*Corylopsis*），日本固有のマルバノキ属（*Disanthus*），街路樹によく使われるフウ属（*Liquidamber*），常緑のトキワマンサク属（*Loropetalum*），暖帯林の林冠*構成種の一つイスノキ属（*Distylium*）など多数の属がある．マンサク科には葉や枝に星状毛をもつものが多い．

　マンサク類は英語で witch hazel（魔女のハシバミ），トサミズキ類は winter hazel というが，トサミズキ属の学名 *Corylopsis* は，ハシバミ属 *Corylus* に似て非なるものという意味である．たしかに，マンサクやトサミズキの葉や実の形はハシバミに似ている．

　北陸から北海道日本海側に分布する葉の大きいものは変種マルバマンサク（var. *obtusata*），中国，四国地方の葉に星状毛が残るものは変種アテツマンサク（var. *bitchuensis*）として区別される．ブナをはじめ多くの樹種で，日本海側では太平洋側のものとくらべて葉が大きくなる傾向がしばしばみられるが，おそらく芽吹きの季節に雪どけ水によって葉の水分条件がよいことが関係している．

　マンサクの葉は互生し，不整形の丸形で，葉縁は波状，葉の上面は光沢があり葉脈は凹む．葉脈は主脈から直線的に斜上して葉縁近くでさらに枝分かれする特徴がある．若枝や葉の裏をルーペで観察すると星状毛がある．花は早春2～3月ごろに咲き，幅1～2 mm，長さ2 cmほどの黄色いリボンのような細長い花弁を4枚つけた花が，枝に多数つく．花弁ははじめ内巻きに丸まっているが，開くと縮れたようになる．果実は丸い蒴果で秋に熟し，2つに割れて2個の黒い種子を飛ばす．和名は他の種に先駆けて早春に「まず咲く」ことからマンサクとも，花が多数枝につくことから「満咲き」とも，開花が早ければ豊年万作であることからともいわれる．学名の *Hamamelis* は hama（共に）＋melis（果実）で，花と果実とが同じ枝についていることからつけられたという．

　マンサクは春を告げる風物詩として愛でられることから，庭園にしばしば植えられる．花の美しいシナマンサク（*H. mollis*）や，シナマンサクとマンサクの雑種（*H.* × *intermidia*），秋咲きのアメリカマンサク（*H. virginiala*）などの園芸品種も同様に庭木としてしばしば植えられる．

　2000年代に入ってから，日本各地の森林でマンサクに病原不詳の葉枯病被害が報告されており，栽培種の輸入に伴って海外の病原菌が侵入したのではないかと疑われている．園芸植物に付随して侵入した病虫害が自然生態系に対する重大な攪乱要因になることがあるため，病虫害の情報を各国で共有するなどの努力が求められている．

［福田健二］

●マンサクの花（勝木俊雄撮影）

ウツギ属 アジサイ科

Deutzia
Deutzia

　ウツギ属は東アジアとメキシコにおよそ50種が分布し，日本には7種自生している．「空木」とは茎が中空である樹木によくつけられる名前である．同じユキノシタ科のノリウツギ，バイカウツギ，ガクウツギ，バラ科のコゴメウツギ，ドクウツギ科のドクウツギ，ミツバウツギ科のミツバウツギ，フジウツギ科のフジウツギ，スイカズラ科のツクバネウツギ，タニウツギなど，系統とは無関係に数多く存在する．

●ウツギ（*Deutzia crenata*）

　ウツギは北海道から九州・中国大陸に分布する．別名は「卯の花」ともいう．『万葉集』にも22首に詠まれており，古くから身近な樹木であった．4月のことを「卯月」というが，「卯の花が咲くから卯月」なのか「卯月に咲くから卯の花」なのか両説あるほどである．旧暦の4月なので，現在の暦だとおおよそ5月に咲くことになる．清楚な白い花はこのように古くから親しまれていたが，現在の日本ではあまり花木として栽培されることは少ない．しかし，北アメリカでは花木として用いられており，将来は日本でも見直されるかもしれない．なお，豆腐の絞りかすのおからの別名は「卯の花」であり，やはり白い花から名づけられたものである．　　　　［勝木俊雄］

■ノリウツギ *Hydrangea paniculata*
—アジサイ属　アジサイ科

　ノリウツギはサハリンから日本列島・中国の東アジアに広く分布する落葉低木である．和名は茎が中空（空木，ウツギ）であることと，茎を水につけると粘液が出て，その粘液を和紙の糊料に用いたことに由来する．アジサイ属の仲間は，いずれも小さな花が多数集まって咲く花序をもつが，花序の外側の花は装飾花をもつ種が多い．装飾花の花びらのようにみえる部分は萼片であり，本当の花弁はきわめて小さい．ノリウツギの花序にも3〜5枚の萼片をもつ装飾花がある．ヤマアジサイやタマアジサイは全体に丸くなる集散花序をもつことに対し，ノリウツギは中心軸が穂状に長く伸びる円錐花序をもつことが特徴である．　　　　［勝木俊雄］

●1　ウツギの花（勝木俊雄撮影）

●2　ノリウツギの花（勝木俊雄撮影）

バラ科 Rosaceae
Rose family

　バラ科植物は，北半球の温帯，亜熱帯を中心に世界に約100属3000種が分布し，わが国に約30属250種が自生する．Rosaは，バラのラテン語古名で，ギリシャ語のrhodon（バラ），ケルト語のrhodd（赤）に由来する．

　バラ科の共通した特徴は，花が両性で萼片(がく)と花弁が各5枚，雄しべが多数という点が共通している．果実の違いによって，果実が裂開するコゴメウツギ属・シモツケ属が含まれるシモツケ類，果実は裂開せずナシ状果ではない肉質な核果*をもつサクラ属のサクラ類，肉質でない痩果をもつヤマブキ属・イチゴ属・バラ属が含まれるバラ類，ナシ状果をもつビワ属・シャリンバイ属・ナシ属・リンゴ属・ナナカマド属が含まれるナシ類の4つのグループに分けられる．サクラ属樹木の高木から，バラ属樹種のつる・低木，イチゴ属樹種の低木・草本まで，さまざまな形態の樹種が含まれる．

　ヨーロッパで花といえばバラであり，わが国では花見のサクラ（'染井吉野'など）や観梅のウメで，いずれもバラ科樹種である．その他バラ科の花を思い浮かべると，ユキヤナギ（シモツケ属），ハマナス（バラ属），ヤマブキ（同属），シャリンバイ（同属），ボケ（同属），ハナカイドウ（リンゴ属），ナナカマド（同属）と枚挙に暇がない．

　欧米ではバラは花の女王であり，アリストテレスの弟子テオフラストスの『植物誌』に記述がある．バラ属植物の野生種は，北半球の温帯から熱帯に至る各地に生育していて，100種以上あるが，現在の栽培バラはわが国のノイバラ・テリハノイバラを含むこれらの野生種の7種から栽培されてきたと考えられている．

　バラの多彩な花の色は，細胞内の液胞に含まれて水に溶けやすいフラボノイド（フラボン，アントシアニンなど）とベタレイン（ベタシアニン，ベタキサンチン），細胞内の色素体に含まれていて水に溶けにくいカロチノイド（カロチン，キサントフィル）とクロロフィルの4種類が代表的なもので，これらが共存してさまざまな色合いを発現している．また，バラには香りという魅力をもっていて，ローマ時代には香料店がたくさんあったといい，バラの姿形や色よりも香りがぜいたくであったことをうかがわせる．香料用に生産されているバラはダマスクローズとロサ・ケンティフォリアの2系統に由来する．園芸品種では，色彩の異なる品種の交配によって新しい花の色をつくる試みが行われてきたが，近年はバイオテクノロジーを用いた作出が可能となっている．

　庭園樹や観賞樹木として，バラ（rose），シモツケ（spirea），サンザシ（hawthorn），ナナカマド（mountain-ash）などが用いられる．一方，食用として，リンゴ（apple），サクランボ（cherry），スモモ（plum），モモ（peach），ナシ（pear），アンズ（apricot），アーモンド（almonod），イチゴ（strawberry），キイチゴ（raspberry・blackberry）などなじみの深い果物が含まれる．また，バラ（薔薇）は，イバラとよばれてとげのある低木の総称で，わが国では花を観賞する植物ではなかったようである．

［勝木俊雄・鈴木和夫］

バラ科

1 ノイバラの花（勝木俊雄撮影）

2 シモツケの花（勝木俊雄撮影）

3 公園で観賞される'染井吉野'（東京都，勝木俊雄撮影）

サクラ属 バラ科

Prunus
Plum

　サクラ属（plum）は，北半球の熱帯から温帯におよそ400種が分布している樹木である．サクラ属はスモモ節（plum），モモ節（almond），アンズ節（apricot），サクラ節（cherry），ウワミズザクラ節（bird cherry），バクチノキ節（cherry-laurel）の6節に細分化されるが，これらの節をすべて独立した属とする見解もある．その場合，*Prunus*はスモモ属となり，*Cerasus*がサクラ属となる．これらの広い意味でのサクラ属は，バラ科の中でも雌しべが1本だけあり，果実には1個の種子（核）が入っている点が特徴である．セイヨウスモモ（European plum）やモモ（peach），セイヨウミザクラ（sweet cherry）などユーラシア大陸原産の果樹が数多く含まれ，温帯では広く栽培されている．日本でも，モモやスモモ，ウメ，アンズ（apricot）など中国から渡来した果樹が古くから栽培されている．

　日本にはサクラ節のヤマザクラやエドヒガンなど9種と，ウワミズザクラ節のウワミズザクラやイヌザクラなど2種，バクチノキ節のバクチノキ，リンボクの2種，合計15種が自生する．日本にもともと自生していた種は果樹としてほとんど利用されていないが，「サクラ」の語源は咲叢(さきむら)から転じたものという説があるように，春に咲く花は古くから親しまれている．西行法師は，「願わくは花のもとにて春死なむそのきさらぎの望月のころ」と，梅花のもとに眠りたいと謳っている．

●ソメイヨシノ（*Prunus* × *yedoensis* 'Somei-yoshino'）

　ソメイヨシノ（染井吉野）はエドヒガンとオオシマザクラとの種間雑種と考えられるサクラの栽培品種．江戸時代末に当時のサクラの名所であった奈良県の吉野にちなんだ吉野桜という名称で広まった．花付きがよく生育も早いことに加え，葉が展開する前に開花するから見栄えがよいことから，観賞用のサクラとして人気をよび，明治時代になると全国的に広く植栽されるようになった．その後，吉野にあるサクラはヤマザクラで，異なる種であることが明らかとなった．そこで区別するために，売り出された江戸の染井村の名称をつけて，'染井吉野'と名づけられた．起源については染井村で交配されてつくられたという説，伊豆半島に自生していたという説，韓国に自生していたという説もあり，明らかとなっていない．また，韓国の済州島にはオオヤマザクラとエドヒガンが自生しており，その種間雑種が'染井吉野'によく似ている．現在では海外でも数多く植栽されており，日本を象徴する樹木となっている．

●ヤマザクラ（*Prunus jamasakura*）

　ヤマザクラは東北南部から九州に分布する落葉広葉樹．里で栽培される里桜(さとざくら)に対応して，山に自生するカスミザクラやオオヤマザクラなどをまとめて山桜(やまざくら)とよぶ場合もあり，特に明治時代以前は区別されていなかった．現在でも混同されることがよくあるので注意が必要である．東京では'染井吉野'よりやや遅れて咲き，白い花と同時に赤褐色の若芽が伸びる点が最も簡便なヤマザクラの識別点である．京都や東京近辺の里山ではふつうにみられ，明治時代に'染井吉野'が広まるまで桜といえばこのヤマザクラのことであった．したがって，古くから桜の名所として名高い奈良県の吉野山のサクラは大部分がヤマザクラである．現在でも，公園や街路樹などに広

●1　ヤマザクラの花（勝木俊雄撮影）　　●2　オオシマザクラの花（勝木俊雄撮影）

●3　常緑樹林中のヤマザクラ（鹿児島県，勝木俊雄撮影）

く植栽されており，きわめて身近な樹木である．

●オオシマザクラ（*Prunus speciosa*）
　オオシマザクラは関東南部の伊豆半島や伊豆諸島などの暖かい海岸部に分布する落葉広葉樹．和名は伊豆大島に多いことに由来する．大きな白い花をつけ，同時に緑色の若芽が伸びることからヤマザクラと異なる色合いをみせる．このように鑑賞価値が高いことから，鎌倉時代に鎌倉の近辺にあったオオシマザクラから栽培の歴史が始まったと考えられている．その後の室町時代には京都でも栽培されるようになった．オオシマザクラは八重咲きの性質をもつ個体が比較的多く，'普賢象'や'御車返'などの栽培品種を含むサトザクラとよばれる八重咲きのサクラがこの中から生まれたと考えられている．塩漬けにしたオオシマザクラの葉は芳香をもつクマリンという物質の香りが強く，桜餅に利用される．サクラにはめずらしくオオシマザクラの花にもクマリンの香りがある．また，おめでたい席にはお茶では「お茶をにごす」ことを嫌って，オオシマザクラ系の八重桜である'関山'の花を塩漬けにしたものが，桜湯として利用されている．

●ウメ（*Prunus mume*）
　ウメは中国原産の落葉広葉樹．中国では3000年以上も前から栽培されており，明らかな自生地は不明である．日本へは7世紀ごろに中国文化とともに移入されたと考えられ，奈良時代では花といえばウメのことであった．平安時代に「花見」の主役はサクラへ移り変わったが，現在でも'雪月花'や'鹿児島紅'など花を観賞する「花梅」の栽培品種は多く栽培されている．松竹梅はめでたいものとして慶事に用いるが，中国では歳寒の三友として三つとも寒さに耐えるので尊ばれる．また，果実を梅干しや梅酒などに用いるため'白加賀'や'南高'などの実梅の栽培品種もよく栽培されている．なお，こうした栽培品種のうち，'豊後'や'一の谷'など近縁のアンズとの種間雑種も多く存在する．サクラ類とは花柄がほとんど伸びないことで区別される．太宰府に流された菅原道真が詠んだ「東風吹かば匂ひおこせよ梅の花あるじなしとて春な忘れそ」は名高く，福岡県の県花はウメである．

●モモ（*Prunus persica*）
　モモは中国原産と考えられている落葉広葉樹．中国では桃源郷の話に象徴されるように，4000年以上も前から長命延寿の果実として栽培されており，西アジア・ヨーロッパでの栽培も古い．日本でも『古事記』に伊弉諾尊（いざなぎのみこと）が桃の実を用いた話があるように古代から栽培されていたと考えられ，一部の地域で野生化もしている．ただし，江戸時代以前の日本では食用よりも花を観賞するための「花桃」が盛んであった．現在でも'源平枝垂'や'矢口'などの栽培品種が栽培されており，桃の節句にはモモの切り枝が欠かせない．一方，現在栽培されている食用のモモは，明治時代以降に移入された中国系と西洋系のモモをもとに品種改良されたものである．なお，アーモンドとはモモの近縁種のヘントウの核（内果皮）の中にある種子のことである．　　　［勝木俊雄］

■ナナカマド *Sorbus commixta*
—ナナカマド属　バラ科

　ナナカマドは，東アジア北部の山地帯から亜高山帯に分布する．明るい二次林*に生育する落葉広葉樹で，秋に紅葉し，熟した果実は鮮やかな紅色をみせる．このため，公園や庭園などにも植栽される．しかし，本州中部だと標高1000 mをこえるような山地帯より上部に出現するため，

●1　ウメの花（勝木俊雄撮影）

●2　ウメの実（勝木俊雄撮影）

●3　観賞用のモモ（勝木俊雄撮影）

身近な植物ではなかった．和名の由来は，材が燃え尽きにくく7回かまどに入れても燃え残るからといわれており，古くは薪炭として利用していた．葉は9〜17枚の小葉からなる奇数羽状複葉，英語名のmountain-ashはこの小葉数が多い葉の形態がモクセイ科のトネリコ属（ash）に似ていることに由来する．ナナカマド属の樹木には，アズキナシやウラジロノキように，複葉ではなく葉が小葉に分かれない単葉をもつ樹種も含まれる．

［勝木俊雄］

キノコ 10

ハルシメジ類（*Entoloma clypeatum* sensu lato）

　イッポンシメジ科イッポンシメジ属．イッポンシメジ属のキノコはすべて多角形の胞子をもつので属の識別は容易である．ただ種数は世界で1000種をこえ，形態的にきわめて類似したものも多く，種の識別は難しい．ウラベニホテイシメジのようにおいしい食用菌がある一方，それとよく混同されるクサウラベニタケなどの多くの有毒菌も本属に含まれる．キノコは秋の季語だが，ハルシメジは春にのみ（3〜5月）に発生する変わり種で，ハル（春）シメジとよばれるゆえんである．ウメやサクラなどのバラ科の樹下に発生するほか，ニレ科の樹下でも報告例がある（小林2005）．他のキノコの少ない時期ということもあり，ハルシメジは美味な食用菌として珍重される．ハルシメジも従来は単一種として扱われていたが，近年はいくつかのグループに細分できることが示されている．

　イッポンシメジ属のキノコが腐生性なのか菌根性なのかは，あまりよくわかっていない．ハルシメジの場合は，菌糸が根の先端をおおう菌根様の構造をとるが，根の内部では植物組織が破壊されていて，通常の樹木の菌根とは明らかに異なる．樹木との物質のやりとりに不可欠な細胞内小器官も欠如していることから，樹木と共生関係にあるのではなく，寄生関係にあるのかもしれない．

［奈良一秀］

●ハルシメジ（谷口雅仁氏撮影）

●1 ナナカマド果実（勝木俊雄撮影）

●2 ナナカマドの花（勝木俊雄撮影）

ネムノキ *Albizzia julibrissin*
―ネムノキ属　マメ科

　マメ科（Leguminaceae または Fabaceae）に属する落葉高木で，本州から四国，九州，沖縄を経て，東南アジアまで分布する．マメ科は約700属からなる非常に大きな科で，1枚の心皮（葉が変化したもの）が2つ折りとなった莢の中に，種子（マメ）が並んで入った豆果をつける．多くの種が根に根粒*をもち，*Rhizobium* 属などの窒素固定細菌を共生させているため，痩せ地でも育つ．マメ科は3つの亜科に分けられることが多いが，ネムノキ亜科（Mimosoideae）は，花が5枚の小さな花弁をもつ放射相称で，マメ科の他の亜科とはかなり花の形が異なる．ネムノキ属のほかオジギソウ属（*Mimosa*），アカシア属（*Acacia*）などを含む．他の2亜科は特徴的なチョウ形の左右相称花をもち，ジャケツイバラ亜科（Caesalpinioideae）にはジャケツイバラ属（*Caesalpinia*）や花木のハナズオウ属（*Cercis*）などが，ソラマメ亜科（Papilinoideae）にはクララ属（*Sophora*. エンジュを含む）やイヌエンジュ属（*Maackia*），ハリエンジュ属（*Robinia*），ハギ属（*Lespedeza*），つる性のフジ属（*Wisteria*），クズ属（*Pueraria*）などがある．

　ネムノキは，本州東北地方から東南アジアまでの暖帯から亜熱帯に分布する落葉高木で，日当たりを好み，成長が早い典型的な先駆種*（パイオニア植物）である．ネムノキ属は熱帯から亜熱帯に分布の中心があり，日本のネムノキはネムノキ属の北限をなしている．

　花は頭状花序で20前後の花が集まってつく．花序自体も枝先に多数が集まってつくので，非常に多数の花が枝先に集中することになる．それぞれの花の花弁は小さく目立たないが，美しい紅色の雄しべが，各花に10本以上が長く突出し，無数の淡紅色の糸を束ねたようになる．多数の薄紅色の花序の集まりが樹冠*のそこここに群れる様子は，夢の世界のような美しさがある．葉は，大きな2回偶数羽状複葉で，小葉柄や葉軸の基部には，細胞内の水分を出し入れして伸縮する運動細胞があり，夜になると運動細胞から水分が排出されて膨圧が低下する．すると，向かい合う小葉どうしが折りたたまれ，葉軸も垂れ下がってオジギソウのように葉全体が閉じて下垂する．これを就眠運動という．朝になると，ふたたび運動細胞は吸水して膨圧が高まり，葉が開く．ネムノキの押し葉標本をつくるときには，昼間に採集した枝葉をただちに新聞紙にはさんでしまわないと，葉からの蒸散によって運動細胞の膨圧が低下して葉が閉じてしまうので，後から小さな小葉を1枚1枚開いていくことは非常に困難である．

　和名は，就眠運動を眠りに見立てて「眠りの木」を意味するネブノキ，ネムノキなどとよばれたことに由来する．漢名は合歓木と書き，小葉が合わさる様子から名づけられた．ネムノキは，就眠運動と花の美しさから詩歌の題材とされるが，なかでも有名なのは芭蕉の『奥の細道』にある「象潟や雨に西施がねむの花」という句である．象潟は山形県鳥海山麓の海岸で「東の松島，西の象潟」といわれ，当時は浅い海に大小の島が点在する名勝地であった．西施というのは中国の美女で，越から呉に遣わされ呉王に寵愛されたという．雨に濡れるネムノキの花を，薄幸の美女西施になぞらえたものである．象潟は1804年の地震で海底が隆起し，海だった部分が水田地帯となっているが，大小の小山が島のように水田の中に点在する様子は，今でも景勝地として名高い．

［福田健二］

●1　昼のネムノキ（福田健二撮影）

●2　夜のネムノキ（福田健二撮影）

ハリエンジュ属 マメ科

Robinia
Locust

　北アメリカから中央アメリカにかけて分布するマメ科の落葉広葉樹で，世界に約20種類が分布している．葉は奇数羽状複葉で，基部に1対の托葉があり，この托葉が針状またはトゲ（托葉刺）になる．花は，腋生で下垂した白色，桃色，紫紅色の総状花序をつける．属名の*Robinia*は，フランスのルイ王朝に仕えた園芸家のロバン（Robin）親子にちなんで名づけられた．

　日本で多くみられるものは，ハリエンジュ（*R. pseudoacacia*，別名ニセアカシア）とハナエンジュ（*R. hispida*）で，両種は共に北アメリカ原産．ハリエンジュがトゲをもち高木になるのに対し，ハナエンジュはトゲのない低木で伏生状となり，匍匐枝が地下を走り繁殖する．

　エンジュまたはアカシアの名でよばれて，わが国で植栽されている樹種は，ハリエンジュのほかに，オーストラリア原産・常緑高木であるギンヨウ（銀葉）アカシア（*Acacia baileyana*）とフサ（房）アカシア（*A. dealbata*），中国原産・落葉高木のエンジュ（*Sophora japonica*），日本の本州中部以北に分布する落葉小高木のイヌエンジュ（*Maackia amurensis* var. *buergeri*）がある．これらの樹種はすべてマメ科で，奇数羽状複葉をもち形態的に類似した特徴をもっているが，属名からわかるように分類学的にはまったく異なる．

●ハリエンジュ（*Robinia pseudoacacia*）

　原産地は北アメリカのロッキー山脈以東の地域．ヨーロッパ各国では1600年ごろから植栽されており，その後世界各地に広がった．日本には1874年（明治7年）ごろ渡来し，和名のハリエンジュ（ハリエンジュ属）は中国原産のエンジュ（槐，クララ属）に似ており，針があることから名づけられた．中国名は刺槐である．学名（種小名）の*pseudoacacia*は「偽の（pseudo）アカシア（acacia）」の意．同じように托葉が変化したトゲをもつアカシアと混同され，ニセアカシアまたは単にアカシアとよばれることもある．日本でアカシアは暖地でのみ生育するが，ハリエンジュは強い耐寒性があり北海道でも生育することができる．石川啄木の歌や北原白秋の「この道」ほか，さまざまな歌謡曲に歌われているアカシアはニセアカシアである．本来のアカシアはミモザ（mimosa）の俗称でよばれている．ハリエンジュの品種の一つであるトゲナシハリエンジュにはトゲはなく，街路樹や公園樹として適している．

　材は堅密で重く，粘りがあり，腐朽しにくいが，加工・乾燥がしにくいため器具材，土木用材などに利用される．樹木は，街路樹，庭園樹として広く利用されているほか，痩せ地の肥料木，海岸・河川の砂防樹，法面（のり）の緑化樹として用いられる．花からは高級な蜂蜜がとれ，養蜂業の蜜源となっている．

　ハリエンジュは，マメ科植物で根に根粒菌を共生させており，成長は非常に速く，痩せ地でもよく成長する．また，萌芽性が強く，特に根から不定芽を生じ，旺盛な繁殖力を有すること，病虫害や大気汚染に耐性をもつことから，砂防用，緑化用樹種として長く利用され，別名，ハゲシバリともよばれている．

　近年，わが国本来の植生を乱すなどの理由から，外来種を緑化資材として利用することが問題になっている．ハリエンジュも植栽木からの野生化が広くおこっており，外来生物法（特定外来生物による生態系等に係る被害の防止に関する法律，2004年制定）の要注意外来生物リストに「別

●ハリエンジュ（勝木俊雄撮影）

途総合的な検討を進める緑化植物」として掲載されている．本種のように優れた特性をもつ緑化樹は少なく，また，植栽後7年程度で花をつけ，初夏の貴重な蜜源植物となっていることもあり，他樹種への代替は容易ではないように思われる．　　　　　　　　　　　　　　　　　［白石　進］

アカメガシワ *Mallotus japonicus*
― アカメガシワ属　トウダイグサ科

　アカメガシワは本州から九州，台湾，中国大陸に分布し，アジアの熱帯を中心に約140種が分布するアカメガシワ属のほぼ北限に位置している．アカメガシワは酷暑の環境にも強く，山火事跡地や伐採跡地などの乾燥した過酷な環境に真っ先に侵入する先駆植物の一つである．こうした植物をパイオニア植物とよぶが，現在では都市の空き地などにも多くみられる．和名は新芽が赤いこと，カシワ（炊葉）の葉と同様に葉に食べ物を載せたことに由来する．なお，アカメガシワ以外にもヤマザクラやアカシデなど新芽が赤い植物は多い．この赤い色は紅葉と同じアントシアニンという色素で，アントシアニンには細胞内にあるDNA（デオキシリボ核酸）の損傷を紫外線から防ぐ働きがある．新芽の時期にアントシアニンがあることで，繰り返される細胞分裂を助けていると考えられている．

［**勝木俊雄**］

● 1　アカメガシワの新芽（勝木俊雄撮影）

● 2　アカメガシワの実（勝木俊雄撮影）

● 3　沖縄の松枯れ跡地に侵入したアカメガシワ（勝木俊雄撮影）

キハダ *Phellodendron amurense*
――キハダ属　ミカン科

　キハダ属は主として東アジア温帯のシベリアから台湾に分布して，日本には1種キハダ（cork tree）が自生し，やや湿気のある肥沃な土壌に生育する．高さ15 mに達し，葉は対生して5〜11枚の葉からなる奇数羽状複葉で，長さ20〜30 cm．樹皮はコルク層が厚く，これを取り除くと鮮黄色で，とても苦く，この部分が昔から薬として用いられてきた．ミカン科の植物は木本が多く，多くは熱帯と亜熱帯に分布し，枝にトゲのあるものが少なくない．葉の葉肉内に透明な油点があり，ミカン科特有の香りがあることが特徴である．

　英名はコルクガシやキハダを指し，樹皮はやわらかく，指で押すとコルク感がある．樹皮の内皮を黄檗（柏）といい，ベルベリン（アルカロイド，メギ属 *Berberis* の名に由来し，強い殺菌作用があり，ベルベリン含有量はオウレン属の根茎が最も多いとされる．キハダは最も安価である）が含まれていて胃腸薬に用いられている．これにアオキの葉を混ぜて煎じて煮詰めたものが奈良県のダラニスケ（陀羅尼助）・ダラスケで，健胃剤として古来有名である．名前は，長いお経である陀羅尼経を唱えるときに眠気を抑えるために，すこぶる苦いので，これを口に含むことに由来する．

　『大和本草』（和漢の本草を解説した書，貝原益軒著）の「黄檗其木の皮黄なる故キハダと名ずく，味苦き故虫を殺し腹痛を止む」の記述はわかりやすい．

　属名は，phellos（コルク）＋dendron（樹木）で，「コルクの木」に由来する．種小名 *amurense* は，「アムール地方の」の意．

　語源は黄肌の意味で，樹皮はコルク層がよく発達し，鮮黄色を呈するため．また，心材は黄褐色，辺材は黄白色を呈する．黄色を染める植物染料として，色素自体が濃黄色な色を呈するのは，キハダ，クチナシ，ウコンなどである．

［鈴木和夫］

●ヒロハノキハダ果実（北海道富良野市東京大学演習林，梶幹男撮影）

ドクウツギ属 ドクウツギ科

Coriaria
Coriaria

● ドクウツギ（*Coriaria japonica*）

　ドクウツギ科はドクウツギ属1属からなり，アジアの温帯から地中海，南アメリカ，ニュージーランドに不連続に分布する．地球上の分布様式が特異であることから，植物学者・前川文夫は中生代*白亜紀*の古い赤道に沿った分布様式が現在に残ったとする古赤道分布説を展開した．一方，大陸移動に伴って分布様式が現在に至ったとする説などがある．大陸移動とは，ウェーゲナーが提唱した「古生代*の終わり頃には地球上には一つの超大陸パンゲアが存在していたが，中生代に大陸が分裂して地球上を漂い，その結果，大陸の分布が現在に至った」とする説である．現在は，地球表層部の大陸プレートと海洋プレートがマントルの運動に伴って地球上の大陸が移動しているというプレートテクトニクス理論で現象を説明している．

　ドクウツギ属植物は世界に十数種あり，わが国にはドクウツギ1種がある．海岸の荒れ地，河川敷，林道脇などに生える．ドクウツギは，幹の上部では4稜形の枝を出して葉をびっしりとつけるので，一見羽状複葉のようにみえる．葉には目立つ3本の脈があるのが特徴である．果実に毒があり枝が中空であることから，毒空木の名がある．

　ドクウツギの果実は，花弁が種を包むように肥大して多汁となり，あたかもブドウの房のようにみえる．紅色の花弁には毒が含まれていて黒紫色に熟すと毒は消失するが，種の毒は消えない．自然では鳥によって散布されるので，体内で毒が溶け出さないとすれば種はよほど頑強と考えられる．　　　　［鈴木和夫］

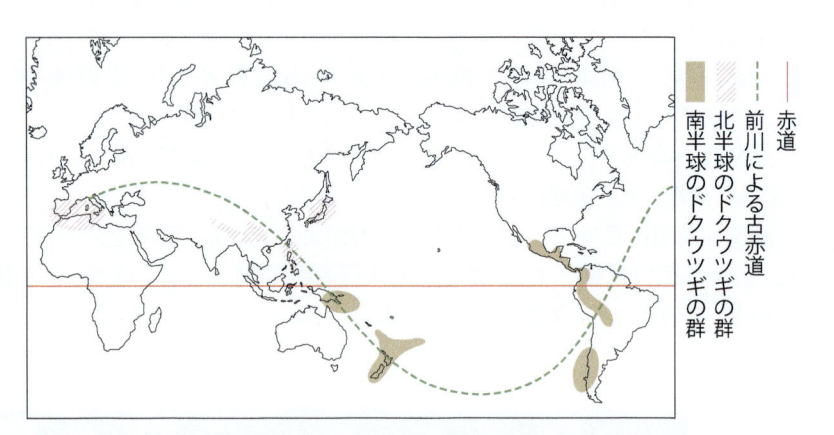

● 1　**ドクウツギ属の隔離分布．**ドクウツギ属の隔離分布と形態の多様さは独特である．古赤道に沿って分布しているという前川説，大陸移動説など，この分布を解説するためにいくつかの仮説が展開されているが，まだ謎は深く，解明されていない．（鈴木三男，朝日百科植物の世界，1996）

● 2　ドクウツギ（東京都東京大学小石川植物園，梶幹男撮影）

ウルシ属 ウルシ科

Rhus
Sumac

　ウルシ属はおよそ200種が世界の温帯から熱帯に分布し，日本には4種が自生する．漆器の塗料である漆をとるためにウルシ（lacquer tree），蝋をとるためにハゼノキ（wax tree）が栽培されているが，いずれも中国から渡来した植物と考えられている．ウルシ属の植物にはウルシオールという成分が含まれており，アレルギー性接触性皮膚炎（ウルシかぶれ）を起こしやすい．日本に生育しているウルシ属の中ではウルシとツタウルシの毒性が最も強い．一方，このウルシオールは漆器の塗料の原料そのものでもある．漆塗膜はきわめて腐食に強く，漆塗膜でコーティングされた漆器の耐久性は半永久的ともいえる．縄文時代から矢尻や矢柄，割れた土器の接着などにも使われているが，これらの遺物に漆塗膜が残っているほどである．

● **ハゼノキ**（*Rhus succedanea*）

　ハゼノキは中国からヒマラヤ・インドシナ半島に分布する．日本には江戸時代に琉球を経由して渡来したといわれている．そのため，リュウキュウハゼともよばれる．もともと日本にはヤマハゼが自生しており，古くはヤマハゼから蝋を採取していたと考えられている．しかしハゼノキが渡来したことにより，蝋の生産はハゼノキに移った．九州や四国を中心に栽培され，江戸時代の西国各藩の貴重な現金収入源となった．しかし，現在では石油からつくられるパラフィンが蝋（ワックス）の主流となっており，ほとんど生産されていない．なお，ウルシほどではないがウルシオールがあるので，肌が敏感な人はウルシかぶれに用心されたい．

［勝木俊雄］

● ハゼノキの花序（東京都東京大学小石川植物園，梶幹男撮影）

カエデ科 Aceraceae
Maple family

　カエデ科樹木は，北半球の温帯を中心に一部熱帯山地に分布し，カエデ属約150種と中国に分布する羽状複葉のキンセンセキ属2種がある．カエデ属は，中国からヒマラヤにかけて約90種，ヨーロッパに13種，北米に13種，わが国に26種が分布し，わが国の大半の樹種は日本固有種である．カエデ科樹木は温帯林の主要な構成樹種で，秋には赤や黄色に美しく紅葉して森林を彩るほか，庭園樹としてもたいへん好まれている．近年のDNA情報に基づく類縁関係をもとにした系統分類ではカエデ科はムクロジ科に包含されるとされ，スギ科と同じくカエデ科の名称は消えてゆくものと思われる．

［福田健二・鈴木和夫］

カエデ属　カエデ科
Acer
Maple

　カエデ属は，カエデ科（Aceraceae）のうち，中国に分布する羽状複葉のキンセンセキ属（金銭槭：*Dipteronia*）の2種以外のすべての種（約160種）を含む大きな属で，そのうち日本，中国からヒマラヤにかけて約90種がある．日本産カエデ属樹木は26種とされ，日本産種の大半は日本固有種である．

　カエデ属のすべての種で，葉は対生し，花は直径数mmと小さく，房（円錐花序）になってつく．小さな5枚の萼片と花弁をもち，子房上位で，雌花（または両性花）と，雌しべが退化した雄花とをもち，雌雄異株の種もある．雌花の子房は2室に分かれており，それぞれに1つずつ種子ができる．子房には2枚の小さな翼があり，果実ではその翼が大きく発達して竹とんぼのような翼果*となり，風で散布される．

　カエデ属は，日本や北アメリカの温帯林の主要な構成樹種であり，秋には赤や黄色に美しく紅葉して林を彩るほか，庭園樹としてもたいへん好まれている．また北アメリカのサトウカエデ（sugar maple, *A. saccharum*）は，早春に樹液を集めて煮詰めてメープルシロップや砂糖をつくる．カナダの国旗となっているが，カエデ類のうち，日本のイタヤカエデ（*A. mono*），北アメリカのサトウカエデ，ヨーロッパのヨーロッパカジカエデ（*A. pseudoplatanus*）などは樹高30mもの大木になり，木材は緻密で強く，しかも光沢があって美しいため，家具や楽器（バイオリンなど），スキー板などの材料として用いられる．街路樹としては，中国・台湾原産のトウカエデ（*A. buegerianum*）がよく植えられている．

　葉の形は，普通に植えられているイロハモミジ（*A. palmatum*）やイタヤカエデのように，掌状に分かれた単葉が代表的であるが，まるでカバノキ科イヌシデ属のサワシバ（*Carpinus cordata*）の葉にそっくりなチドリノキ（別名ヤマシバカエデ *A. carpinifolium*），丸い単葉のヒトツバカエデ（別名マルバカエデ *A. distylum*），羽状複葉になるトネリコバカエデ（*A. negundo*），三裂するウリカエデ（*A. crataegifolium*）やトウカエデ，三出複葉（小葉が3枚）のメグスリノキ（*A. nikoense*）やミツデカエデ（*A. cissifolium*）など，さまざまなものがある．

多くの種が落葉性であるが，熱帯～亜熱帯性の種の中には常緑のクスノハカエデ（*A. oblongum*）などもある．

カエデという和名は，葉が「カエルの手」に似ることによるといわれる．また，カエデ類を総称してモミジともいい，イロハモミジやオニモミジ（*A. diabolicum*）など，「○○モミジ」という和名をもつ種もいくつかあるが，「もみじ」は，紅花から色素を揉み出す「もみいづ」を語源とし，「草紅葉（くさもみじ）」，「紅葉狩り（もみじがり）」といった言葉からもわかるように，紅葉（または黄葉）のことを意味する．それが転じて，紅葉の美しいカエデ類のことをも指すようになったものである．一方，ハナノキ（*A. pycnanthum*）やオガラバナ（*A. ukurunduense*）といった和名に残っている「ハナ」という語が，カエデ類の古い名であるともいわれている．

カエデの漢名として，日本では「楓」の字が用いられているが，この字は中国ではカエデと葉の形が似たマンサク科フウ属を表し，カエデには「槭（セキ）」の字を当てるのが正しい．

●オオモミジ（*Acer amoenum*）

北海道から九州までの山野に分布している日本の固有種である．最もふつうに「もみじ」や「かえで」などといわれるのは，本州から九州，朝鮮半島，中国，台湾に分布するイロハモミジ（別名イロハカエデ，タカオカエデ）であるが，それよりも大きな葉をもつことからオオモミジと名づけられた．なお，カッコ内に記した異名は，オオモミジを独立した種と認めず，イロハモミジの変種と見なす場合の学名である．ちなみに，イロハモミジの和名の由来は，葉が掌状に7つに分かれているのを「いろはにほへと」と数えるからといわれている．イロハモミジやオオモミジは葉が7つの裂片に分かれるが，多数（9～11）の裂片に分かれる近縁種には，ハウチワカエデ（別名メイゲツカエデ *A. japomicum*），コハウチワカエデ（別名イタヤメイゲツ *A. sieboldianum*），オオイタヤメイゲツ（*A. shirasawanum*），ヒナウチワカエデ（*A. tenuifolium*）があり，いずれもハウチワ（羽団扇，天狗がもつ鳥の羽根でつくったウチワにたとえる）とかメイゲツ（名月，秋にちなむ）という名前がつけられている．

イロハモミジでは葉に重鋸歯（粗い鋸歯の中にさらに細かい鋸歯がある）があるのに対して，オオモミジでは均一で細かな単鋸歯である．また，オオモミジは葉の表面に凹凸が少なく，葉脈が目立たないことなどから，オオモミジの葉は，全体に端正な印象を与える．一方，オオモミジの変種とされるヤマモミジ（*A. amoenum* var. *matsumurae*）は，北海道から東北，北陸の日本海側に多く，イロハモミジ以上に粗く不ぞろいな重鋸歯をもち，イロハモミジの葉をそのまま大きくしたような形である．これら3種類の近縁なカエデは，庭園などに植えられているカエデ類として最もふつうのもので，さまざまな園芸品種がある．オオモミジ類の品種には，春の芽吹き時に（あるいは一年中）紅葉する「野村（のむら）」や，葉の根元から細長い裂片に分かれる「〆の内（しめのうち）」，葉が一年中紅色で細かな羽状に分かれる「紅枝垂（べにしだれ）」といった品種群があり，日本庭園によく植えられている．

●イタヤカエデ（*Acer mono*）

イタヤカエデは，鋸歯のない全縁の葉をもつ種で，樹高20～30 mの大木となり，木材としても有用である．若枝，葉裏，葉脈上などの毛の有無や葉の切れ込み方，果実の翼の角度などによって，多くの変種や品種に分けられていて，分類学者によって用いる学名が異なっていいて，和名にも別名が多くて混乱する．イタヤカエデ類では紅葉は黄色いものが多い．エゾイタヤ（*A. mono* var. *glabrum* または var. *mono*）は，北海道，本州，朝鮮半島，サハリン，千島，アムール地

方に，タイシャクイタヤ（var. *taishakuense*）は朝鮮半島と広島県帝釈峡の石灰岩地に分布するが，それ以外の5つの変種（エンコウカエデ＝イタヤカエデ var. *marmoratum*，ウラゲエンコウカエデ var. *connivens*，オニイタヤ var. *ambiguum*，モトゲイタヤ＝イトマキイタヤ var. *trichobasis*，アカイタヤ＝ベニイタヤ var. *mayrii*）はすべて日本固有である．なお，北海道から本州中部の湿地に分布する種にクロビイタヤ（*A. miyabei*）があるが，これはイタヤカエデとは別種で，葉縁は粗い歯牙状である．

　イタヤカエデという和名の由来については諸説ある．『増補地錦抄』（1710年）に「大型で多数の切れ込みをもつ葉が隙間なくつながって雨をさえぎることから「板屋楓」という」といった内容の記述があるが，牧野富太郎はこの「板屋楓」はハウチワカエデのことだとした．一方，武田久吉は，白井光太郎の『樹木和名考』の中にある『皇方物産誌』（17〜18世紀の儒学者稲生若水の著書）の記述や東北地方の方言名をもとに，トキワカエデ（イタヤカエデ類の古名）の別名が板屋楓であるとした．他方，前川文夫はイタヤカエデからはメープルシロップ様の樹液がとれることから，「イタヤはイタヤニの略で，イタはイチ，つまり乳」であり，「甘いやに」がとれる木という意味だとしている．このように諸説あることは，それだけ人々に親しまれていたのだろう．

　変種名のエンコウカエデは，主に若木で切れ込み深いタイプの葉をつけるものをいい，サルの手の形に似るから「猿猴」だという． ［福田健二］

カエデ属

●1　さまざまなカエデの葉（東京大学演習林田無試験地，楠本大氏撮影）

●2　イロハモミジの花序（東京都東京大学小石川植物園，梶幹男撮影）

●3　イロハモミジ果実（東京都東京大学小石川植物園，梶幹男撮影）

トチノキ属 トチノキ科

Aesculus
Horse chestnut

　トチノキ属は，日本を含めヒマラヤ，インドなどアジア，ヨーロッパ，北アメリカに合計24種があり，日本にはトチノキ1種が自生する．ふつう高木性であるが，なかには灌木*性のものもある．いずれも先に5〜7枚の小葉が掌状について大きな団扇形の葉をもち，直立した総状の豪華な花がみごとだ．その豪華な花房はシャンデリアに見立てて，シャンデリア・ツリーの名もある．

　トチノキの仲間の英名はホース・チェスナッツ（horse chestnut）すなわち馬栗で，種子がクリに似ていることに由来する．たしかにその種子は，大きさも色もクリに近い．つやつやしてきれいだ．ただし，この種子はサポニンを含み，渋くてそのままでは食用にならない．薬用として百日咳，胃炎に効果があるという．樹皮はマラリアの治療薬キニーネの代用になるという．外用薬としては打撲傷，腫物にも使われた．含有するサポニンによって洗剤としての利用も古くから行われた．種子はただちに食用にならないが，水に漬け，皮をはいだものを灰汁で煮て粉にするとか，あるいはデンプンを水でさらすとかして渋みを抜き，これを材料としてトチ餅としたものは各地で昔から賞味される．また，水飴や煎餅にもなる．

　クリに似ていてもそのままでは食用にならないあたりが馬栗の名の由来であろう．しかし，そのほかにその葉痕が馬蹄形であるところからの命名だとする説もある．また，さらに種子がウマをはじめとして家畜の病気に効くからだという説もある．日本にも，その種子を水で浸出したものがウマの眼病を治す効果があるというから，これは面白い東西の一致だ．

　フランス名はマロニエで，これはセイヨウトチノキで，日本のトチノキにかなり近い種類である．パリのシャンゼリゼ通りなど街路樹として有名である．豪華な白とピンクの混じった花が咲くころの日曜日をイギリスではチェスナッツ・サンデーすなわち「栃の木の日曜日」とよんで，さながら日本の花見のように楽しむという．このセイヨウトチノキは元をただせば実はパリにもロンドンにも自生していたものではない．原産はアルバニア，イラン付近で，ここからギリシャあるいはトルコ経由で16世紀後半にヨーロッパに導入されたものという．フランスに入ったのは1615年，イギリスに導入されたのもほぼこの頃とされる．パリのマロニエ並木の歴史は400年ほどということか．北アメリカには花の赤いアカバナトチノキがあり，これとセイヨウトチノキとの雑種はベニバナトチノキとよばれ，日本には大正末にもたらされ，街路樹や公園樹として植えられている．

●トチノキ（*Aesculus turbinata*）

　トチノキは北海道から九州まで広くみられる落葉高木で，大きいものでは樹高35mをこえ，幹の直径は4mほどになる．天狗の団扇のような大形の掌状の葉をもつ．花の時期は5〜6月の初夏，枝先に円錐形の花序を出し，白色の花が樹幹いっぱいに直立して咲く．トチノキはこれらがすべて実を結ぶわけではない．実を結ぶのは，花序の下部に咲く両性花で，上部には実をつけない雄花が咲く．秋には直径3〜5cmもある立派な果実が実る．1つの果実には1〜2個の大きな種子が入っていて，熟した果実は親木の下に落ちる．これだけではトチノキの実生は親木の下にしか存在しないことになる．落下した種子はリスやネズミなどの食料となり，彼らは落下した

●1 トチノキ（北海道富良野市東京大学演習林，梶幹男撮影）　　●2 トチノキの果実（北海道富良野市，梶幹男撮影）

　地点から種子を運び出して，巣穴や土の下などに貯蓄する．そして蓄えられたまま忘れられた種子から，新しい実生が成長を始める．このような小動物による二次散布によって，トチノキは分布を広げるのである．トチノキの種子は山の動物たちの重要な食料でもあるが，種子はサポニンやタンニンを含んでいて苦味は強いが，同時に多量のデンプンも含んでいるので丹念に灰汁を抜けば食べることができる．餅米と合わせてつくったトチ餅は，かつて山里の主食や飢饉の備えとしてつくられたが，飛騨地方などはよく知られ，今でも日本各地にみられる．

　トチノキは冷温帯の湿潤で肥沃な土地を好む樹木である．自生のトチノキに出会うのは，たいてい人家が途切れてから少し入った山地の渓流沿いである．山地の渓谷林を代表するこのトチノキに大都会の真ん中でも出会うことができる．トチノキは都市の街路樹として利用される．大きな葉をつけて初夏に白い花を咲かせ，秋に黄葉するトチノキは，その変化の美しさから公園に木陰をつくる緑陰樹として，また，剪定したところからよく萌芽するために街路樹としても多く植栽されている．

　このように都市周辺でもよく目にする樹木ではあるが，トチノキは植栽用途以外にも有用な樹木である．花はミツバチの蜜源として重要であり，良質な蜂蜜がとれる．材は淡黄褐色で光沢があって木目が美しく，加工しやすいため，建築材，家具材，器具材，漆器木地，彫刻材やベニヤ材にするほか，バイオリンの裏甲板など幅広い用途がある．また，ウドンやソバをこねるこね鉢としても利用される．

［梶　幹男］

モチノキ *Ilex integra*
―モチノキ属　モチノキ科

　モチノキは常緑高木で，密に分枝する．幹の樹皮は灰白色で褐色を帯びる．葉は互生し，長楕円形で長さ 4〜7 cm，幅 2〜3 cm，革質で表面は濃緑色，裏面は色が薄い．成木の葉は全縁であるが，幼木の葉には鋸歯がある．雌雄異株で，11〜12月に径 1 cm ほどの球形の核果*が赤く熟し，小鳥が好んで食べる．宮城県，山形県以西の本州，四国，九州の暖帯に分布し，海岸に近い山地の適潤肥沃地に生える．モチノキはそれ自体優占種となることはないが，シイ林，タブ林，ウバメガシ林など日本の代表的な暖帯林の重要な構成樹種の一つである．

　最近では，黐(もち)といっても知らない人がほとんどであるが，春から夏に樹皮をはぎとって 2〜3 カ月水に浸して組織を腐らせ，それを臼でつき，洗い流すとゴム状の物質ができる．モチノキ属のほとんどの種にこの成分があり，主成分は蝋質で黐蝋(もちろう)とよばれ，小鳥や虫を捕る鳥黐や，包帯液，絆創膏の添加物などに使われた．

　アメリカには Ilex 協会があり，種々の品種を集め生垣用とする．ミルウォーキー市のブラウネルは親子二代で世界中のモチノキ属樹種を集め，モチノキ園を開いている．モチノキの英名は mochi-tree，アメリカではモチノキを tall holly とよんでいる．モチノキ属の樹種は一般に holly（英）とよばれ，イギリスでは同属のセイヨウヒイラギ（*I. aquifolium*）を神聖な木（holly）としている．埼玉県入間郡原市場村（現在は飯能市に編入）星宮神社，東京都西多摩郡古里村（現在は奥多摩町）の春日神社などではモチノキを神木としている．

［梶　幹男］

● 1　モチノキの花（東京都東京大学小石川植物園，梶幹男撮影）

● 2　モチノキの果実（東京都東京大学構内，梶幹男撮影）

ツタ *Parthenocissus tricuspidata*
―ツタ属　ブドウ科

　ツタはブドウ科（Vitaceae）に属する落葉性つる植物で，北海道から九州まで広く分布し，中国，朝鮮半島にも分布する．ブドウ科は多くがつる性木本で，熱帯から温帯に広く分布するが，日本には，ツタ属（*Parthenocissus*）のほか，ブドウ属（*Vitis*），ノブドウ属（*Ampelopsis*），草本のヤブガラシ属（*Cayratia*）が分布する．いずれも葉は互生し，葉と対生する巻きひげや吸盤をもち，果実は液果であることが特徴である．

　ツタ属には約 10 種がアジアと北アメリカにあり，巻きひげの先端が吸盤となることで，ブドウ科の他の属と区別される．花は，円錐花序をなすが目立たない．実は黒紫に熟し，小さなブド

ウのようで，中に3つの種子がある．

　ツタの葉は心形の単葉ないし3裂した単葉，時に三出複葉となり，長い葉柄がある．三出複葉をつけたツタは，葉柄が赤みを帯びて，一見するとウルシ科のつる植物であるツタウルシ（*Rhus ambigua*）に見まがうことがある．ツタウルシはさわるとかぶれるので注意が必要である．ツタの葉の上面は光沢があり葉脈は凹む．葉と対生する巻きひげは分枝して先端が吸盤となり，壁などに付着してよじ登る．

　ツタは壁面緑化材料として古くから使われ，非常に成長が早くビルディングの壁全体をおおうように成長する．余談だが，昭和30年代のペギー葉山のヒット曲「学生時代」は，「ツタのからまるチャペルで祈りを捧げた日……」という歌詞で始まるが，彼女自身と作詞作曲の平岡精二氏とがともに青山学院の出身で，このチャペルとは青山学院の「神学部ベリーホール」のことだそうである．また，甲子園球場の外壁のツタも有名である．ツタは日当たりのよい場所では，秋に濃橙色から深紅に紅葉し，たいへん美しい．

　ツタやブドウなどのブドウ科のつる植物では，木部樹液に糖分などを溶かし込んで根圧によって水分を押し上げる機構があるため，茎を切断すると樹液が滴り落ちることがある．ブドウ属のサンカクヅル *V. flexuosa* は，茎を行者が切って樹液を飲んだことからギョウジャノミズという別名があるが，ツタは平安時代には甘葛（あまづら）とよばれ，茎から滴る樹液を煮詰めて甘味料に用いたとされる．また，ツタは唐草模様としても古くから描かれており，人間生活と密着した植物であったことがうかがわれる．

　ツタは冬には落葉することから別名をナツヅタといい，よく似た常緑性のキヅタ *Hedera rhombea* を別名フユヅタとよんで区別する．キヅタは同じツタの名をもつが，ヤツデ属と同じウコギ科に属し，ブドウ科のツタとはまったく類縁がない．キヅタは巻きひげや吸盤をもたず，茎から不定根（気根）を多数出して，壁面や樹木の幹にはりついてよじ登る．

［福田健二］

●1　ツタの葉と実（千葉県千葉市，福田健二撮影）

●2　壁面をよじ登るツタ（千葉県千葉市，福田健二撮影）

シナノキ属 シナノキ科

Tilia
Linden

　北半球温帯域に約 30 種あり，ヨーロッパでは重要な街路樹，公園樹となっている．樹皮の繊維は広く利用される．花は蜜源として有用である．日本にはシナノキ，ヘラノキ，オオバボダイジュ，マンシュウボダイジュの 4 種が自生する．

　ボダイジュ（菩提樹）（*T. miqueliana*）は，樹高 10 m ほどになる落葉高木で，日本では寺院で見かけることの多い樹木であるが中国大陸の原産で，日本には中国の天台山のものを，禅宗を伝えた栄西が 12 世紀にもたらしたといわれている．釈迦がその樹下で悟りを開いたとして仏教やヒンドゥー教で神聖な木とされる菩提樹は，クワ科イヌビワ属のインドボダイジュであり，ボダイジュとはまったく異なる植物である．インドボダイジュは常緑の熱帯植物で，仏教の伝来した中国では育たないので，その葉の形が似ているボダイジュを代用品としたものである．ボダイジュは，中国大陸中南部と朝鮮半島に分布する．果実は念珠をつくるのに用いられるが，最もふつうなのはムクロジ科モクゲンジの種子を用いた数珠である．

　セイヨウシナノキはヨーロッパに広く分布するナツボダイジュとフユボダイジュの雑種といわれ，英名を common linden あるいは lime（tree）という．シューベルトの歌曲にうたわれる菩提樹すなわちリンデンバウム（独 Lindenbaum）はナツボダイジュ（*T. platyphyllos*）のことで，セイヨウシナノキとともにヨーロッパでは数世紀前から日陰樹または並木として植栽され，ベルリン中心街のウンター・デン・リンデン（菩提樹の下）通りの並木は名高い．菩提樹は北欧ゲルマンやスラヴ系民族の間では，イギリスのオーク同様，古くから民衆の崇拝を受け，各種の民間伝承や，貴族・旧家の興亡にまつわる伝説が多い．中世には，この木の下で裁判や祝祭，忠誠の誓いや結婚式が行われた．スラヴ族の間でも，この木は愛の女神が宿る木とされていた．菩提樹が民衆のあいだで愛されたことは，リンダ，リンドバーグ，リンネのような人名や，リンデンタール（菩提樹の谷），ウンター・デン・リンデン（菩提樹の下）などの地名にもうかがえる．菩提樹は雷除けになるといわれ，女の子が生まれると誕生樹として植える地方もある．魔除になるというので農家の庭に植え，樹皮を御守りにするほか，その灰を畑にまくと魔法で発生した害虫が消え失せるともいう．

●シナノキ（*Tilia japonica*）

　北海道から九州までと，対馬，中国東部に分布する落葉高木で，日本の温帯林を構成する樹木の一つである．北海道の針広混交天然林では最も資源量の多い広葉樹の一つである．現在でも樹高 30 m，直径 130 cm ほどの個体をみることがある．6〜8 月に開花し，7〜40 個くらいの淡い黄褐色の花を，葉の腋から垂れ下がった集散花序につける．香りがあって，この花から採れた蜂蜜は特にシナ蜜とよばれる良品である．苞葉が大きく，長い花序の柄につく．10 月に熟して 1 個の種子がある堅果になり，プロペラ形の苞葉のついた種子は風にくるくると舞いながら散布される．

　アイヌの人たちは強靭な繊維のとれるシナノキをシニペシニ（本当の内皮のとれる木），それより強度の劣るオオバボダイジュをヤニペシニ（ただの内皮のとれる木）とよんで，縄や布として利用した．日本人も昔からシナノキの樹皮を利用してシナ布やシナ縄をつくった．シナ布は科

シナノキ属

●1　オオバボダイジュの果実（北海道富良野市東京大学演習林，梶幹男撮影）

●2　シナノキの果実（北海道富良野市東京大学演習林，梶幹男撮影）

●3　シナノキ大径木の樹形（北海道富良野市東京大学演習林，梶幹男撮影）

布，信濃布とも表す．信濃国は『古事記』などの古書には科野国と書かれており，シナノキを産する野の意味であるとされ，長野県の地名，埴科，更科，仁科，豊科などはその名残とされる．シナというのは，樹皮がしなしなしているからだという説もある．元来，シナは「結ぶ，しばる，くくる」という意味のアイヌ語である．

　倉田悟『樹木と方言』には，「シナという名前は，東北地方の南部から近畿地方，四国までの広い地域に通用し，東北地方から新潟県の東部にはマダ，マンダ，モーダなどの方言名でよばれ，中国地方から九州では，ヘラまたはヒルとよばれる」とある．東北地方のマダの方言は宮沢賢治の『なめとこ山の熊』や柳田國男の『遠野物語拾遺』などにも出てくる．名久井文明『樹皮の文化史』によると，東北地方の山村ではシナノキの樹皮を，大正から昭和時代までさまざまな生活用具に利用してきた．樹皮を剥ぐ時期は新芽が出て若葉が萌える季節がよく，土用（立夏（5月6日ごろ）の18日前）が過ぎるとはぎにくい．この時期が最も水分を含んでいるからで，土用までのこの季節に山に入り，必ず「ひとしょい」背負ってこなければ1年間に使う縄，履き物，蓑などの製作材料は不足することになったという．シナノキは大木にもなるが樹皮で縄をつくろうとするときは，3，4年生の若い樹幹を使う．これはという木を見つけたら幹を地面近くで切断する．シナノキは萌芽力が旺盛なため，幹を切断しても根は死なず，すぐ横から新芽がでて成長し3，4年もするとまた利用できるようになる．シナノキの繊維の用途は広く，魚網，船舶用ロープのほか，蓑，畳の糸，干し柿のつるし糸，酒や醤油のこし袋，馬の腹かけなどの使い方もあった．北海道では開拓時代に蚊帳(かや)をつくったという．

　シナノキの材は戦前はあまり利用されなかったが，資源量の多い北海道では，ほかの広葉樹にくらべて，やわらかくて軽いので加工しやすく節がないことが喜ばれ，戦後は桶，樽，箱類，鉛筆，楊枝，アイスキャンデーの棒，下駄など，多種多様に使われた．合板に姿を変えたシナノキは，現在でも建築，建具，家具材として広く使われている．工芸家にとっても，シナノキの材は刃物に合い，刃物を痛めないとされ，北海道土産の木彫りのクマはほとんどがシナノキでつくられた．近年，街路樹や公園樹としてもよく利用されている．　　　　　　　　　　　　［梶　幹男］

イイギリ *Idesia polycarpa*
―イイギリ属　イイギリ科

　イイギリはイイギリ科イイギリ属の東アジアに1種あるだけの特産樹種で，落葉高木．幹は通直に伸び，樹皮は平滑で灰白色，大きい皮目がある．大枝は階段状に輪生して水平に広がり，側枝が主軸よりよく伸長するので，パゴダ状の樹形をなす．葉は互生，小枝の先に叢生する．葉柄は10～20 cmと長く，先端に1対，基部近くに1～2対の蜜腺がある．花は5～6月に咲き，花弁を欠き，黄緑色でランのような芳香があり，枝に頂生または腋生する円錐形の花序に多数つき下垂する．果実は球形の液果で秋に橙赤色に熟し，直径約1 cmで，花序ごと枝からぶら下がる．落葉後も長く木に残って美しいが，やがて鳥に食べられる．果実はナンテン，葉はキリに似ることからナンテンギリの別名がある．

　本州，以南に分布し，北陸地方にはまれ．主に暖帯地方の谷底から山腹にわたる肥沃地を好んで生じ，種子からよく発芽し，成長は早い．イイギリ属は1種よりなり，葉裏に密毛のある1変種（var. *latifolia*）が中国に産し「椅樹」とよばれ，「桐」，「梓」，「漆」とともに中国の四木とされる．

　材はキリに似ていて白っぽく軽軟で箱材，下駄材となる．秋から冬に花序が美しいので，庭園樹として植栽される．葉は大きいので昔，飯を盛る葉として利用された．標準名のイイギリは「飯桐」の意である．

　欧米でも日本と同様に，観賞用に街路樹や庭園樹として植栽される．

　キリ，アオギリ，アブラギリ，イイギリなどキリと名のつく樹木は，一般に伸長成長がひじょうに早い．なかでもイイギリは，日当たりのよい湿気のある肥えた土地であれば，実生3年生で高さ3 m以上になるので，短期間に日陰樹に育てることができる．そのうえ，5, 6年で花をつける．東京の明治神宮外苑や小石川植物園には種子が落ちて自然に生えた実生も大きくなって，毎年果実をつけている．ムクドリやヒヨドリが好んで食べるので，種子は糞に混じって広く散布され，時には標高700 m以上の日当たりのよい山地の斜面でも生育をみることがある．

［梶　幹男］

●**イイギリの果実**（東京都東京大学構内，梶幹男撮影）

ユーカリ属　フトモモ科
Eucalyptus
Eucalypt

　ユーカリ類のほとんどが，オーストラリアの熱帯，亜熱帯，温帯の降雨林または半乾燥地帯に自生する．この仲間はフトモモ科に属すが，同じく蒴果をもつ他のグループとは区別され，進化上，古い系統群と考えられている．ユーカリ類は，これまでユーカリ属 *Eucalyptus*（700種以上）とアンゴフォラ属 *Angophora*（10種），アリラストルム属 *Arillastrum*（1種）の3属に分類されてきたが，現在，ユーカリ属の約110種を新しい属（コリムビア属 *Corymbia*）として独立させ，4属に分類されている．

　ユーカリの花は，萼片と花弁とが互いに合着して帽子状の蓋でおおわれていて，開花時にこの部分は脱落する．学名の語源はギリシャ語の eu-（よく）と kalyptós（おおった）を意味し，この帽子状の蓋に由来する．乾燥地でもよく育ち大地を緑でよくおおうことに由来するとの説もある．

　低木から高木までさまざまで，なかには樹高が100 m近くになるものもある．樹木で最も樹高が高いのは北アメリカ西岸の海岸山脈に生育するセンペルセコイア115 mだが，これに次ぐ107 mで被子植物では最大である．

　オーストラリアでは森林の大半がユーカリ林だが，このようにユーカリが優占するようになったのは人類の火の使用によると考えられている．ユーカリは樹皮の厚いものが多く，原野火災のときには樹幹のコルク層が断熱材として機能し，形成層を保護する．さらに，ユーカリ属のほとんどの植物は地下部にリグノチューバー（lignotuber，木質塊：幹の地際に発達する木質のふくらみ）をもち，火災後にこれから新しい芽（萌芽）が伸び再生することができる．この組織は，光合成産物の貯蔵器官としての働きもあり，再生のときの養分を供給する．このようにして，オーストラリアでは火に強いユーカリ，アカシア，モクマオウが優占する森林が生まれたといわれている．

　ユーカリは，オーストラリア大陸の先住民アボリジニの生活と深くかかわっている．材は火つきがよく，ゆっくりと燃焼するため，薪としてきわめて優れている．また，旧石器時代から続く洞窟画の伝統を引き継ぐとされる木皮画は長い繊維質のユーカリ樹皮（stringybark）をキャンバスとして描かれている．さらには，傷の消毒薬，風邪薬，虫さされ，蚊取りなどの医薬として利用される．現在，数種のユーカリの葉からとられた精油（ユーカリ油）はアロマテラピーとして人気が高い．

　ユーカリはコアラが食することで有名で，葉や芽を食べる．ユーカリの葉は消化が悪く毒性のある成分も含まれているため，一般に動物のえさには適さない．しかしコアラは哺乳類で最も長い盲腸（2 m）をもち，さらに腸内微生物の働きを借りてこれを消化し，栄養分を吸収する．コアラは先住民の言葉で「水を飲まない」を意味し，水分の多くをユーカリの葉からとっている．

●ユーカリノキ（*Eucalyptus globulus*）

　ユーカリノキ（blue gum）は，日本で最もよく見かけるユーカリである．古くから導入され，各地に巨木が生存する．「ユーカリノキ」とよぶのは，明治はじめに渡来したとき，学名（属名）をもとにこの種に「有可利樹」の字を当てたことに由来する．

　この種は，タスマニア島およびビクトリア州が原産で，沿岸部の低地に優占し，成長が速く，

●ユーカリノキ（オーストラリア，福田健二撮影）

樹高が 60 m をこえる高木になることから，原産地のオーストラリア以外でも南米や地中海地域をはじめとして世界中に植林されている．樹皮が長いひも状になってはげ落ちるため，幹は青みを帯びた灰白色を呈する．葉は革質で厚く，帯白色であり，葉の表裏を区別するのは困難．葉を透かすと点々にみえる油点があり精油や香料がとれる．材は黄褐色，重厚で強いことから，車両材，船舶材，枕木，電柱，杭といった土木用材やパルプ原料として利用される．

ユーカリノキの葉を陰干ししたものがユーカリ葉（eucalypti folium）で，精油の原料になる．中国では桉葉と称し，風邪，腸炎，関節痛，皮膚疾患などに用いられる．これを水蒸気で蒸留して得られる精油をユーカリ油（oleum eucalypti）といい，強い芳香がある．殺菌，消炎，清涼，防腐作用があり，医薬品などに使用される．

産業用原料を育成するための植林活動を産業植林といい，今日，フォレストプランテーションやツリーファームとよばれる大規模な林業経営が行われている．海外の産業植林では，広葉樹ではユーカリやアカシアなど，針葉樹ではラジアータマツなどのごく少数の樹種に限られており，なかでもユーカリが最も多く使われている． 〔白石　進〕

●ユーカリの花（オーストラリア，福田健二撮影）

11 コツブタケ類（*Pisolithus* spp.）

　　ニセショウロ科コツブタケ属．コツブタケ属は全世界的に分布する菌根菌＊で多くの樹種と共生する．以前，この属のキノコはすべて *Pisolithus tinctorius* という単一種として扱われてきた．しかし，ユーカリ樹下で得られた菌系統をマツ類に接種しても菌根ができないなどの生理特性や，子実体＊の形態などに大きな変異があることから複数の種が含まれる可能性が指摘されていた．そこで世界各地のさまざまな樹下から多数のキノコを採取してそのDNAが調べられた結果，少なくとも11種に細分できることが明らかにされた（Martin *et al.* 2002）．特に，オーストラリアのユーカリ林には多数の異なる種が生息しており，コツブタケの種分化の中心である．日本のマツなどの樹下に発生するコツブタケ類をいくつか調べたところ，いずれも学名のない系統に含まれていた．

　　ユーカリは世界各地に導入されている樹種で，日本でも公園などに植栽されたユーカリをよく見かける．日本のユーカリの樹下でキノコを見かけることは少ないが，菌根を採取してDNAを調べると，*P. albus* というコツブタケ類の1種が優占していて他の菌種はきわめて少ない．オーストラリアからユーカリが導入された際に，苗とともに持ち込まれた菌根菌は少なかったのか，日本の湿潤な気候に適応できなかったかであろう．

　　他の菌根菌に比べてコツブタケ類は菌糸の人工培養の簡単なものが多く，菌根菌の実験や研究で最もよく使われてきた菌である．培養菌糸を接種して樹木に菌根を形成させることも容易なことから，研究以外にも，苗の成長を促進する微生物資材として販売されている．

［奈良一秀］

●コツブタケ（東京都小笠原父島，左：谷口雅仁氏，右：佐々木廣海氏撮影）

オヒルギ属　ヒルギ科
Bruguiera
Bruguiera

　熱帯から亜熱帯の海岸，河口汽水域の潮間帯で，泥土の多いところに生育する耐塩性の森林がマングローブ林で，わが国にも小規模だが南西諸島から鹿児島県南部に分布している．マングローブを構成する主要な樹種はヒルギ科オヒルギ属植物である．

　オヒルギ属（*Bruguiera*）には6種が知られており，奄美大島から東はポリネシア，南はオーストラリア北部，西はマレーシア，スリランカ，さらにはアフリカ東岸にまで分布している．樹高が40mくらいまで成長し，マングローブを構成する樹種で最も大きくなるグループである．

　マングローブ林を構成しているヒルギ科（Rhizophoraceae）植物はわが国にはオヒルギ，メヒルギ，ヤエヤマヒルギの3属3種が南西諸島などに自生する．種子（果実）が樹上で発芽（胎生種子）し，果実ごと水に落ちて更新すること，幹の基部にタコの足状の支柱根を形成するものや地下の根からループ状の気根（呼吸根）を地上に出すのが特徴である．学名は，ギリシャ語のrhizo（根）とphoreo（有する）を意味し，親木についたまま発芽して根（胚軸）を出す胎生種子の特徴に由来する．

　胎生種子は，果実ごと枝から離れて，泥地や砂地に突き刺さり，葉を展開する．また，一部は海面を浮遊して運ばれ，漂着して分布を拡大する．このように，ヒルギ科植物は海流散布によって分布地域を拡大してきた．「ヒルギ」は「漂木」に由来する．

　樹皮は紅樹皮とよばれ，ヒルギが主体となっているマングローブを紅樹林とよぶのはここからきているとする説と，材色が赤い樹種（紅樹）とする説がある．

　マングローブの樹皮はタンニンに富んでおり，丹殻とよばれる赤茶色の染料や皮のなめし，薬用に利用される．材は堅密で，建築材，枕木として利用され，燃焼時の火力が強いことから良質な木炭を生産することができる．また，マングローブは，魚の生息，産卵に適した環境であることから，豊かな水産資源を地域住民に提供している．

　近年，東南アジアのマングローブ林は，エビ・魚の養殖場の建設やパルプ原料として利用するために大規模な伐採が進んでおり，マングローブ林の破壊が地球環境問題の一つとなっている．

　マングローブ（Mangrove）の由来は，共に「林叢」を意味するスペイン語系土着住民が使用していた「マングル」と英語の「グローブ（grove）」の合成語とされている．

●オヒルギ（*Bruguiera gymnorrhiza*）

　オヒルギ（別名アカバナヒルギ）はマングローブを代表する樹種の一つで，大きなものは，樹高30m，直径60cmになる．沖縄・西表島には，樹高12m，直径98cmの巨木がある．根から膝を立てたようにループ状の呼吸根（膝根）を地上に出す．胎生種子の長さは15～25cm，直径は1.5～2cmで，他種に比べて太い種子をつける．オヒルギという和名は「雄ヒルギ」と書き，メヒルギ（雌ヒルギ）に比べ胎生種子が太いことからつけられた．本来は泥土の海岸に生育するオヒルギだが，南大東島の内陸にある大池では池の淵に生育していて，閉鎖系の淡水域で生育するマングローブ（オヒルギ群落）はきわめてめずらしいことから，国の天然記念物に指定されている．

［白石　進］

オヒルギ属

●1　オヒルギの花（勝木俊雄撮影）

●2　オヒルギ成木の冠水（亀山統一氏撮影）

●3　オヒルギ成木の膝根（亀山統一氏撮影）

●4　オヒルギの林況（亀山統一氏撮影）

ミズキ属 ミズキ科

Cornus
Dogwood

　ミズキ属はミズキ科（Cornaceae）（dogwood family）に属する．この科には他に，多数の園芸品種のあるアオキ属（*Aucuba*），花が葉の中心につくハナイカダ属（*Hlevingia*）がある（ミズキ属をミズキ属（*Swida*），サンシュユ属（*Cornus*），ヤマボウシ属（*Benthamidia*）と三分することもある．また，ミズキ属の中でミズキのみ葉は互生で，その他は対生）．ミズキ科の植物は，主として北半球の温帯に分布して約10属100種あり，科の定義と属の区分については，上述のとおり解釈が分かれている．また，この科には，中国南西部の山地にだけ分布するハンカチノキ（handkerchief tree）とよばれる *Davidia involucrata*（属名はフランス人神父ダビッドがジャイアントパンダなどとともにヨーロッパに紹介したことにちなむ．わが国では東京大学小石川植物園のハンカチノキが人気がある）や葉が秋に橙色・赤色に紅葉して美しいヌマミズキ（tupelo, *Nyssa sylvatica*）が含まれる（ダビディア属やヌマミズキ属はヌマミズキ科として独立させて扱われることもある）．

●ミズキ（*Cornus controversa*）

　各地にみられる成長の速い落葉高木で，枝は幹から階段状に出て水平に伸び，五重塔のような傘状の樹形となる．葉は互生．近縁のクマノミズキ（*C. macrophylla*）は樹形がやや直立して葉が対生することで区別される．

　材は散孔材*で心材と辺材の区別がなく，木目が細かく淡灰白色で細工しやすいので，宮城県鳴子など東北地方のこけしの材料（ウリハダカエデ，ハクウンボク，マユミなど）として代表的なものである．キリやケヤキなどを別にすると，多くの広葉樹は雑木として括られているが，美しさにもかかわらず利用上からは雑木とされる．

　ミズキは水木の意で，根からの吸水力が強く，春先に枝を折ると切り口から水が滴り落ちることに由来する．

●ヤマボウシ（*Cornus kousa*）

　冷温帯（ブナ帯）下部に位置し，北海道を除く各地に生育する．葉裏の脈腋に黄褐色の立毛が密生するのが特徴である．枝先の芽が春に展開すると，上に伸びる枝（短い短枝となる）と横へ伸びる枝（長い長枝となる）を出し，毎年この仮軸分枝*を繰り返して独特の樹形をつくる．花序は6〜7月に開花し，多数の花が多数頭状に集まり，まわりを4枚の淡緑色〜白色で卵状・尖鋭頭の総苞が囲む．春のコブシ（モクレン科）と初夏のヤマボウシは，花が大きく白い花のかたまりとして里人の目を強くとらえるので，季節の花を代表する樹種である．種小名の *kousa* は神奈川県箱根地方の方言クサに基づいている．

　ヤマボウシは山法師の意味で，丸いつぼみを坊主頭に，周りの白い花（総苞）を頭巾に見たてた，とされる．

●ハナミズキ（*Cornus florida*）

　北アメリカ原産で，アメリカヤマボウシともよばれアメリカの国花である．古くはヨーロッパにも自生していたことが化石により知られている．1909年東京市（尾崎行雄市長）がニューヨー

● 1　ミズキの花序（東京都東京大学小石川植物園，梶幹男撮影）

● 2　ミズキの果実（東京都東京大学小石川植物園，梶幹男撮影）

ク市にソメイヨシノの苗木を送った返礼として，1915年日本へ送られ，日比谷公園などに植えられた．落葉小高木で，街路樹や庭木として各地によく植えられている．花は4〜5月に開花し，緑色で半球形の花序をなし，周りを4枚の大きな白〜濃紅色で倒卵状・凹頭の総包が囲む．ヤマボウシに似ているが，花が葉より早く開くことや，総包の形が凹頭で著しく異なることなどで区別される．

　英名はdogwood，flowering dogwoodなどとよばれ，樹皮の成分に解熱の効果があるといわれ，この煮汁をイヌの皮膚病治療に用いたことに由来する．ハナミズキは，美しい花をつける水木の花水木の意である．

［鈴木和夫］

ハリギリ属 ウコギ科

Kalopanax
Kalopanax

　ハリギリ属は東アジア特産の属で，ハリギリは1種よりなる．属名は，ギリシャ語kalos（美しいの意）とPanax（Pan（すべ）＋akos（治癒）というウコギ科チョウセンニンジンの万能薬の薬効に由来．ハリギリ属を含むウコギ科の大部分は，温帯から熱帯にかけて分布し，精油をもち特有の香りのする種類が多く，薬用のチョウセンニンジンや山菜として賞味されるウドやタラノキ（タラノキ属）などが含まれる．また，庭木のヤツデ（ヤツデ属）や，つる性のグラウンド・カバーとして公園などに多用されるセイヨウキヅタ（キヅタ属）など身近に見かけるものも多い．

●**ハリギリ**（*Kalopanax septemlobus*）
　ハリギリは，東アジア特産の樹種で，日本全土に分布する．肥沃地を好み，土地の肥沃度を判定する指標樹となる．大きいものでは高さ25m以上，胸高直径1m以上になり，太い枝をまばらに張ったさまは堂々たる風格がある．樹皮が縦に深く裂けるので，慣れてくると樹皮をみただけでそれとわかる．葉は大きいものでは30cmくらいになり，掌状に5～9裂し，枝先に集まってつく．この葉の形からテングノハウチワ（天狗の羽団扇）の名もある．ハリギリは枝や幹に太いトゲをもつが葉にはないが，葉にもトゲをもつものが同じウコギ科のハリブキ属である．

　ハリギリという名は「針桐」のことで，枝にトゲがあり，材や大きな葉が桐に似ていることから，こうよばれた．やわらかすぎて建材としての利用に適さないものが多いウコギ科のなかでは，例外的に良質で有用な材がとれる．ハリギリは，林業家の間ではもっぱらセンとかセンノキとよばれるが，その名の由来はよくわかっていない．木材はキリより重いが，丈夫で加工しやすい．光沢があり，建築内装材や家具材とされるほか，合板の突板，さらに楽器や彫刻などに用いる．このハリギリの材は，かつて下駄材としてキリに次いで喜ばれた．北海道のセンノキが下駄材として人気を集めたのは明治末ごろからで，戦後はセンノキ下駄の主な消費者だった小中学生や農村地帯でゴム靴がこれにとってかわったため，次第に使われなくなった．旭川で毎年開催される銘木市ではセンノキの良質のものは，1m^{3}数十万円の高値がつく．若葉は同じウコギ科のタラノキ同様に食用になるが，タラノキに比べるとあくが強く，味が劣るのでアクダラとかイヌダラとよぶ地方もある．

　北海道では，山地から海岸付近まで広く生育し，耐陰性に富み針広混交林にもみられる．アイヌの人々はトゲのあるハリギリを，病魔が村に入ってこないように村の分かれ道や，家の入り口や窓のところにイヌエンジュなどの悪臭をもつ木といっしょに立てて魔よけにしたという．大木になった用材は，お盆や木鉢，臼，杵などをつくった．また，カツラの代用として丸木舟もこれでつくった．

　ハリギリのほかにも，「キリ」と名のついた植物は，アオギリ（アオギリ科），イイギリ（イイギリ科），アブラギリ（トウダイグサ科）など数多いが，これは葉が大きいという点がキリ（ゴマノハグサ科）に似ていることによる．

［梶　幹男］

ハリギリ属

●1　ハリギリの花（北海道南富良野町，梶幹男撮影）

●2　ハリギリ大径木の樹皮（北海道富良野市東京大学演習林，梶幹男撮影）

ツツジ属 ツツジ科

Rhododendron
Rhododendron

　きれいな花をつける灌木*類が多く，学名の *Rhododendorn* もギリシャ語でバラを意味する rhodos と木を意味する dendron を組み合わせてつけられた．その美しい花は人々にも愛でられ，県の花としてレンゲツツジ（群馬県），ヤシオツツジ（栃木県），ミヤマキリシマ（鹿児島県），ウンゼンツツジ（長崎県），シャクナゲ（滋賀県，青森県），ツツジ（静岡県）が指定されている．日本では古くから庭園樹として用いられており，より美しい花を求めて，多くの品種が作り出された．なかでも，クルメツツジは品種も多く，花の色は白，淡桃，桃，赤，濃赤，赤紫など変化に富む．沖縄産のケラマツツジが他のツツジ類と自然交雑したヒラドツツジも数多くの品種があり，クルメツツジより大きいことから街路樹としても利用される．この2つの品種は庭園や公園で最も植栽される樹木であろう．

　ツツジは北半球の乾燥地を除くほぼ全域にわたって分布し，東南アジアからオーストラリアの北部にも広がっている．世界で1000種をこえる種が存在し，特にヒマラヤ地方には多くの種が分布する．ネパールの国花であるシャクナゲの一種は，ツツジ属としてはめずらしく樹高20〜30 m にも達し，密生する林が一斉に深紅色の花を咲かせるさまは圧巻である．シャクナゲ類は常緑であるにもかかわらず，亜高山帯から高山帯にかけて多くの個体が生育している．

　ツツジ科の植物は，各系統群によって異なるタイプの菌根菌*が共生している．ギンリョウソウなどの葉緑体をもたないシャクジョウソウ属の植物は，樹木に共生している外生菌根菌（キノコ類）と菌根をつくり，その菌からすべての栄養をもらって生活している．つまり，樹木が光合成でつくった炭水化物を菌根菌を通して横どりしているのである．イチヤクソウ属の植物は暗い林床に生育しているが，これも樹木と共通のキノコ類と菌根をつくる．一方，ツツジ属やスノキ属などの多くの種は，子嚢菌*の一種とツツジ型菌根をつくることが知られている．細い髪の毛のようなツツジの根の中は，子嚢菌の菌糸で満たされている．この子嚢菌は有機物の分解能力が高いことが知られている．高山の寒冷地では有機物の分解が遅く，植物が利用できる形の土壌養分は非常に限られる．共生する菌根菌の優れた有機物分解能力のおかげで，ヤマツツジなどツツジ属やスノキ属などは厳しい環境下でも生育できるのである．

● **ミツバツツジ**（*Rhododendron dilatatum*）

　ミツバツツジは，関東地方から近畿地方東部の太平洋側に分布し，おもにやせた尾根や岩場，里山の雑木林などに生育する．枝先に3枚の葉が輪生することから名づけられた．トウゴクミツバツツジ，サイゴクミツバツツジなど，他のミツバツツジ類の多くは雄しべが10本なのに対し，ミツバツツジは5本であることが大きな特徴である．ただし，他のミツバツツジ類を含めた総称としてミツバツツジということもある．

　3月から4月ごろ，葉が展開するよりも早くに紅紫色の美しい花が咲く．古くから庭木としても植えられており，多くの庭園や公園でみることができる．千葉県君津市では市の花として市民に愛されているほか，ミツバツツジ保護条例まで制定されている．盗掘などの被害から自生地を保護するには官民一体となった取り組みが必要なのだろう．　　　　　　　　　　　　　　　　［奈良一秀］

ツツジ属

●1　ツツジ属ヤマツツジ（三重県松阪市局ヶ岳）

●2　ミツバツツジ（埼玉県秩父市，勝木俊雄撮影）

エゴノキ *Styrax japonicus*
―エゴノキ属　エゴノキ科

　エゴノキ科（Styracaceae）は世界に 11 属約 160 種あり，北半球の温帯・亜熱帯に分布．このうちエゴノキ属が大半（約 130 種）を占め，主に東アジア・東南アジアに生息する．枝から垂れて咲く清純な白い花は，snow bell や silver bell とよばれ，鑑賞木として広く植栽されている．日本には，エゴノキ属にエゴノキ，ハクウンボク（*S. obassia*），コハクウンボク（*S. shiraianus*）が，アサガラ属（*Pterostyrax*）にアサガラ（*P. corymbosus*），オオバアサガラ（*P. hispidus*）が分布している．インドシナ半島からスマトラ島にかけて分布するシャムアンソクコウノキ（*S. tonkinensis*）とアンソクコウノキ（*S. benzoin*）は，樹皮で芳香のある樹脂を産生し，これを固めたものが香料として使われる「安息香（benzoin）」である．

　エゴノキは，日本，朝鮮半島，中国，台湾，フィリピンに広く分布する落葉の小高木．伊豆諸島や沖縄以南のものは葉や花が大きいことから，変種（オオバエゴノキ var. *jippei-kawamurai*）として区別されることがある．春，枝から垂れるように清楚で芳香のある白花を鈴なりにつけ，やがて小指の先ほどの青白い実となり，秋になるまで色も形も変化しない．この実をつぶして水に入れると泡立ち，これは実に含まれているサポニンによる．エゴノキのサポニンは「エゴサポニン」とよばれ，その果皮は痰きりや咳止めの製薬原料（生薬名：麻厨子）となる．また，サポニンには魚毒作用があることから，昔，魚の捕獲（毒流し漁）に使われたとされている．

　サポニンには界面活性作用があり，よく泡立つことから，実際に石けんのかわりに使われたこともあり，セッケンノキ（福井，大分，鹿児島）やシャボンノキ（福島），シャボンダマ（茨城，千葉），サボン（石川）などの名がある．同じくセッケンノキとよばれるムクロジ科ムクロジ（*Sapindus mukorossi*）の実にもサポニンが含まれている．

　エゴノキはこのほかにもさまざまな別名をもっていて，垂れ下がる果実の様子を動物の乳房にたとえ，チナリ（乳成り）からチシャノキの名が生まれ，さらにチナ，チサ，ヂシャ，ジシャ，ジサ，ズサへと変化したといわれる．『万葉集』にも「ちさ（知左）」の名で登場する．また，根株からたくさんの萌芽枝が発生する様子（子沢山）から，九州地方ではコヤス（子安），コヤスノキとよばれる．このように名が多いのも，この木が昔から人々の生活と深くかかわってきたことを物語っている．

　種子には脂肪分が多く，ヤマガラが好んで採食する．果実には有毒なエゴサポニンがあるので，ヤマガラはサポニンの多い時期には果実を一度土の中などに貯蔵し，種子中のサポニンが減少した後に採食している．ヤマガラのこの貯食行動によって種子が散布され，エゴノキは繁殖を繰り返すことができる．

　木材は白く，かたく，割れにくいことから，轆轤細工やこけしなどに使われる．根元から伸びた萌芽枝は，真っ直ぐで粘り強いことから，背負い籠や輪かんじきなどに利用された．また，エゴノキは本来，陽樹であるが，半日陰でも生育することから，日陰のガーデニングにも用いられ，花色が淡紅色のベニバナエゴ，枝が下垂するシダレエゴ，枝が雁木状のガンボクエゴノキなどの園芸品種がある．

　エゴノキの名は，この実を口にすると中に含まれるサポニンためにのどが刺激され，えぐいと感じることからつけられたとされる．学名の *Styrax* は，アラビア語の stiria（滴または涙）が語源となっている．

［白石　進］

1 エゴノキの花（東京都東京大学小石川植物園，梶幹男撮影）

2 エゴノキの果実（瀬戸市）

トネリコ属 モクセイ科

Fraxinus
Ash

　モクセイ科トネリコ属は，北半球の温帯を中心に約70種が分布する．花は雌雄異株または雑居性で両性花の進化の研究対象にされているほど複雑で，果実は翼状に伸びる翅果で，材は緻密かつ弾力性があって折れにくく幅広い用途がある．有用な木材のため，北欧神話や伝説において神聖な木として登場し，セイヨウトネリコをギリシャ人が槍の柄に用いたとか，この材でキューピットのもつ弓がつくられたなどといわれる．聖書のなかでノアの箱舟を造ったゴフェルの木がセイヨウトネリコであるとの説もある．また，古来より魔力が宿る木とされ，邪悪なものを退ける護符とされたり，鉱脈や水脈を発見するための占い棒に用いられたこともある．

　日本に分布する主な樹種には，山深い渓畔林を優占するシオジ，北日本の湿地林に多いヤチダモがある．両者は直径1mをこえ太くてまっすぐな大径木に育つので，非常に有用な木材を生産する．北海道でヤチダモは，かつて稲木（稲掛け）として農地に列状に植えられ，現在でもそれを目にすることができる．森林に点在する落葉中高木のトネリコ，ヤマトアオダモ，シマトネリコ，ミヤマアオダモ，マルバアオダモ，ケアオダモ，コバノトネリコなどがある．アオダモ類の材からつくられる野球のバットは，強度があり粘りがあって重宝される．主な生産地である北海道の日高地方などではバットを産出するための人工林の造成が試みられているが，同一樹種の人工林ではなかなか早く大きくは育たないようだ．アオダモの名は，この木の内樹皮を水に浸けると水が青くなるためにつけられた．古い時代の中国では，アオダモの樹皮を浸けた水で青墨の色を出したといわれる．水を青くする物質の正体は，樹皮に含まれるエスクリンという蛍光物質である．

●シオジ（*Fraxinus platypoda*）

　シオジは属の中でもとりわけ大きな長さ25〜35cmの羽状複葉をつけ，7〜9枚の小葉がある．葉柄の基部が肥大する特徴がありヤチダモと区別できる．古くは桝樹や桝壽の字が充てられ，これらの音読みがなまってシオジとなった．関東地方以西の本州と四国，九州の冷温帯で，大きな礫が堆積した渓谷や渓畔で優占する．胸高直径1.3m，高さ36mに達し，しばしば純林を形成するため，天に向かってまっすぐ伸びる木々の姿は圧巻である．シオジやヤチダモの材はタモ材と称され，建築，器具，楽器，細工物，枕木，槍長刀の柄や木刀など非常に用途が幅広い．これはタモ材が，美しい光沢をもち，軽いうえに耐久性を兼ね備えているからだ．　　　　［木佐貫博光］

ハシドイ属 モクセイ科

Syringa
Lilac

　モクセイ科ハシドイ属はユーラシア大陸に約30種あり，国内にはハシドイ1種のみが分布する．花序は，円錐状で白または紅紫色の小花が集まってつく．
　ライラックの名で知られるムラサキハシドイ（*S. vulgaris*）の英名はcommon lilacで，lilaともよばれる．ライラックは古くから園芸品種の開発が取り組まれてできた花木で，数多くの園芸品種

●1 マルバアオダモの雄花序（三重県鳥羽市菅島，木佐貫博光撮影）

●2 シオジの翼果（三重県津市美杉町，木佐貫博光撮影）

●3 ハシドイの花（東京都東京大学小石川植物園，梶幹男撮影）

があり，北アメリカやヨーロッパ各地では5月から6月にかけてライラック祭が開催される．国内でも札幌市の大通公園で毎年5月下旬にライラック祭が開かれる．ライラックには白，紫，赤色など，色鮮やかなものが多い．花の香気は古くから著明で，ヨーロッパでは香油を採取するために植栽される．英国では「ライラックのあるところ，初めて家庭あり」といわれ，一戸一花の標語になるほど主要な花木だ．また，フランスでリラ色といえば日本でいう藤色と同じで，淡紫または紫色のことを指す．花言葉は花の色によって異なり，紫花は「初恋の喜び」，白花は「青春の喜び」．ハシドイの由来は，木の枝先に集まって花が咲く様子が端集い（ハシツドイ）と表現され，これが詰まって「ハシドイ」となった．

●ハシドイ (*Syringa reticulata*)

　ハシドイは，北海道では主に低湿地に，本州では山地に生育する．三重県北部には花の名山として名高い藤原岳がある．この山の大部分は石灰岩からなるため，標高1143 mの低山にもかかわらず山頂周辺には高山植物群落や低木林が広がっている．この山頂直下の森林にはハシドイが生育している．北海道では湿地に多いハシドイが，地表水が少なく乾燥しやすい石灰岩土壌の山地に生えているのは不思議だ．

　ハシドイの樹皮はサクラに似て，やや光沢のある灰白色．対生につく全縁広卵形の葉は，ネズミモチの葉の形に似る．初夏，枝先の花序に白色で径約5 mmの小花が密生してつく．花序は大

型の円錐形で長さ 15～25 cm，幅 10～15 cm になる．花冠はやや漏斗形で4つに深く裂ける．ムラサキハシドイほどではないものの香気を漂わせる．

[木佐貫博光]

ヒトツバタゴ *Chionanthus retusa*
―ヒトツバタゴ属　モクセイ科

　ヒトツバタゴ属が含まれるモクセイ科（olive family）は，野球のバット材に最適なアオダモ類のトネリコ属（ash），観賞用樹木のライラックなどハシドイ属（lilac），ジャスミンの花など芳香の花をつけるソケイ属（jasmine），果実を食用とするオリーブ属（olive）などがある．
　ヒトツバタゴ属は東アジアと北アメリカの温帯に数種が知られていて，観賞樹木として植栽されている．和名は，一つ葉のタゴ（トネリコ属樹木の別名）の意で，花がアオダモなどトネリコ属樹木の花に似ていることから見誤って名づけられたという．ヒトツバタゴ（fringe tree）は見慣れない樹であるために，「これは何じゃ」の意でナンジャモンジャノキともいう．長野県・岐阜県・愛知県の一部に遺存して，朝鮮半島・中国・台湾の一部に隔離分布している．花は白色で5～6月に枝の先に円錐状に花序をつけて咲く．白い花が満開のときにはまさに雪のようでみごとである．属名は，chino（雪）+anthos（花）の意で，樹上に敷き詰めたように咲く白い花を雪にたとえたものである．英名のfringeもふさで飾るの意で，花が咲いた様子を連想させる．

[鈴木和夫]

●ヒトツバタゴの花（東京都東京大学小石川植物園，梶幹男撮影）

ムラサキシキブ *Callicarpa japonica*
——ムラサキシキブ属　クマツヅラ科

　ムラサキシキブは，クマツヅラ科ムラサキシキブ属の落葉低木で，丘陵地から山地の林内や林縁部にふつうに生える．幹は高さ1.5〜3m，小枝は円形で斜上し，若いときは粉状の星状毛がある．花は淡紫色で，6〜7月ごろ，葉腋から出る柄のある集散花序につき，花にはほのかな香りがある．果実は球形で秋に美しい紫色となり，鳥に食べられて種子を散布する．属名はギリシャ語に由来する「美しい果実」を意味し，英名もスウェーデンの植物学者ツンベルグが世界に紹介したところ，欧米の人々の心をとらえ，「日本の美しい実」とよばれる．日本，台湾，朝鮮半島，中国に分布する．なお，園芸種としては近縁のコムラサキ（*C. dichotoma*）がよく使われる．

　植物の和名に人名が用いられている例は，学名に用いられるよりずっと少ない．サクライソウ，ウエマツソウ，チョウノスケソウなど採集者の名前によるものと，テイカカズラ，クマガイソウ，アツモリソウなど歴史上の著名な人物名をあてたものがある．後者では，ムラサキシキブが最もよく知られている．和名は，美しい果実を才媛，紫式部の名を借りて美化したものといわれる．ムラサキシキブは京都で古くは「ムラサキシキミ」とよばれており，実が枝に重くついた重実（シゲミ）のことで，これがなまって「シキブ」になったという．

　ムラサキシキブ類は灌木ではあるが，枝が強くてねばりがあることから，用途がたくさん里人の生活に結びついているという．例えば，秩父郡浦山村川俣付近（現在，秩父市）ではムラサキシキブを石割用の玄翁（ハンマー）の柄に用いるほか，長さ2尺ぐらいの箸をつくりかきまわすのに使ったという．そのほかの用途として，囲炉裏の鈎棒や杖をつくったという．　　　　［梶　幹男］

●1　ムラサキシキブの花（東京都東京大学小石川植物園，梶幹男撮影）

●2　ムラサキシキブの花（東京都東京大学小石川植物園，梶幹男撮影）

キリ属 ゴマノハグサ科

Paulownia
Empress tree

　キリ属が含まれるゴマノハグサ科の植物は主として草本で木本は少ない．キリ属は花の形が似ていることなどからしばしばキササゲなどが含まれ近縁のノウゼンカズラ科として扱われることがある．熱帯から寒帯まで分布し，さまざまな場所に生育しているが，この科の植物で大木になるのはキリ属だけである．

　キリ属は，東アジアに数種が分布し，古くから栽培されている．材はふつう灰白色できわめて軽くやわらかいため，器具材など特殊な用途がある．わが国にはキリ（*P. tomentosa*）1 種が自生するが，台湾には，成長の速いココノエギリ（*P. fortunei*），成長が遅く植栽は少ないタイワンギリ（*P. kawakamii*），両樹種の雑種ではないかと考えられるタイワンウスバギリがあり，いずれも材は軽く狂いが少ないのでキリ同様に用いられる．ココノエギリは成長が速いことから台湾桐の名で 1930 年代ごろにわが国各地に導入されて植栽が広がった．さらに，1950 年代以降わが国から南アメリカに移出植栽された樹種が再び南米桐として輸入された．これらの大部分は，正確にはタイワンウスバギリ（*P. taiwaniana*）であると考えられている．

　属名 *Paulownia* は，江戸時代に『日本植物誌』を著したドイツ人医師シーボルトの後援者であったオランダのアンナ・パブロナ女王（Anna Pavlovna，ロシア皇帝ニコライ 1 世の姉）にちなみ，*Paulownia* と名づけられた（1835 年）．

　キリは漢字では「桐」と書くが，古くはこの字で梧桐（アオギリ，アオギリ科．葉がキリに似ていて幹の皮が緑色），刺桐（ハリギリ，ウコギ科．葉の大きいことがキリに似ていて枝に針がある），飯桐（イイギリ，イイギリ科．葉は大きくキリに似ていて昔この葉で飯を包んだ），油桐（アブラギリ，トウダイグサ科．葉や実がキリに似ていて種子から油をしぼる），緋桐（ヒギリ，クマツヅラ科．葉は大きくキリに葉に似ていて花は緋色で美しい）などを指していて，これらはいずれもキリ属とはまったく別の樹木である．ちなみに，中国・漢の『淮南子（えなんじ）』に「(梧)桐一葉落ちて天下の秋を知る」とあり，秋に最も早く落葉するアオギリの葉が一葉一葉落ちるのをみて（小さな兆しをみて），すでにやってきている秋の気配を知る（やがてやってくる出来事を察知する）意である．

●キリ（*Paulownia tomentosa*）

　キリ（royal paulownia）は，原産地が中国との記述もあるが，欝陵（うつりょう）島，大分県など西日本に自生している．キリの葉は，長い葉柄をもち，大きいものでは幅 94 cm という記録がある．枝先に円錐状に 5～6 cm もある大きな花をつけ，中国では「桐に鳳凰」といい，めでたいことのしるしとされている．中国の桐はアオギリである．キリを初めて紋章としたのは南北朝時代の後醍醐天皇といわれる．キリは瑞祥の花として五七桐が菊とともに皇室の紋となってきた．五七とは，3 枚の葉の上に，中央に 7 つ，左右にそれぞれ 5 つつけた花を指す．

　貝原益軒『大和本草』（本草 1362 種を収録，1709 年）に「切れば早く長ず，故にキリという」と述べられていて，キリの語源とされる．成長がきわめて速く，十数年で，高さ 10 m，直径 50 cm 程度までになる．苗木を植えた翌年に根元近くで一度切って，新たに出てきた芽を伸ばすと枝下の長い優良な材が得られるので，このような特別な台切りの仕立て方が行われる．キリの植

●**キリの花**（東京都東京大学小石川植物園，梶幹男撮影）

　栽は関東以北で多く，南部桐（岩手県），次いで会津桐（福島県）が材質が優良なことで名高い．優良な材を得るためには気象害・病虫害などに対する管理が大切で，つねに手入れが必要なことから昔から植栽は畑や農家のまわりに限られ，キリ畑はあっても大規模な造林地は少ない．枝が異常に叢生してほうき状になる病気を天狗巣病*（witches' broom）と総称するが，キリ天狗巣病はファイトプラズマによって引き起こされるキリ栽培の最大の病気で，本病と腐らん病・胴枯病が回避されればキリ栽培は成功するといわれる．

　キリ材は，色は白く天然の木目が美しい．軽軟（比重 0.30，ちなみに針葉樹材は soft wood とよばれて材は軽軟でスギ 0.38，ヒノキ 0.44，広葉樹材は hard wood とよばれて材がかたくマカンバ 0.67, ケヤキ 0.69）で，摩耗しにくく狂いが少ない．耐火性があり吸湿性が少ないことから，箪笥・琴・家具・下駄などに用いられる．特に，湿気の多い日本の箪笥には最適で，女の子が誕生したときにキリを植え，嫁入りの際に箪笥にするとされ，古くから全国いたるところに植栽された．「桐の木で二棹できる縁遠さ」の江戸川柳がある．桐の下駄はやわらかいのですぐ歯が減ってしまいそうだが，実際には砂粒などが食い込んで，かえって減りにくくなるのだという．

〔鈴木和夫〕

ガマズミ属 スイカズラ科

Viburunum
Viburunum

　ガマズミ属は，スイカズラ科に属し世界に約150種あり，北半球の温帯から暖帯に多く，東南アジアの高地や南アメリカのアンデス山脈地域にも分布する．特に東アジアと北アメリカに多く，日本には16種が自生する．英名のアローウッド（arrow-wood）は，アメリカ原住民がこの木のまっすぐに伸びた若い木を矢のシャフトとして用いたことによる．花，果実ともに観賞価値の高い種が多い．

　日本にはガマズミのほかに，ヤブデマリ，ムシカリ，ゴマギ，カンボク，サンゴジュなどがある．ムシカリは，カメの甲の形をした葉からオオカメノキの別名がある．高さ5mになる落葉低木〜小高木で，温帯〜亜高山帯のブナ林や針葉樹林にみられる．4〜5月，散房花序に白色の小さい両性花と大形の装飾花をつける．果実は8〜9月，赤色から黒色に熟す．ゴマギは，高さ7mになる落葉小高木で，葉や枝を傷つけるとゴマのにおいがするのでこの名がある．サンゴジュは，高さ10mになる常緑小高木．6月，円錐花序に白色の小花をつける．果実は秋に紅色〜黒紫色に熟する．暖地の庭園樹，生垣，防風樹として，また火に強いので防火樹として広く植栽される．本州では関東以南の暖地に野生状にみられるが，真の分布ではないと考えられている．

●ガマズミ （*Viburunum dilatatum*）

　丘陵〜山地に生育する高さ4mになる落葉低木で，向陽地にふつうにみられる．花期は5〜6月で，枝先に直径6〜10cmの散房花序をだし，花冠は直径5〜8mmで，白い小さな花を多数つける．核果*は，秋に赤くなって美しいが，これははじめ鮮紅色に色づき食べるとまだたいへん酸っぱい．後に暗赤色に熟して甘酸っぱくなる．コバノガマズミは葉柄の長さが6mm以下であるのに対してガマズミは1cm以上あるので，容易に区別される．また，ミヤマガマズミは葉の先が尾状にのびて鋭くとがり，葉柄に長い絹毛が散生するのに対して，ガマズミは多くの場合，葉先のとがりが鈍く，葉柄に開出毛と星状毛が密生する点で区別される．

　ガマズミの名前の由来については，諸説あるが，ガマズミをカマツカとよぶ地方もあるように，ガマは「鎌」のことで，材は非常にねばりがあり，丈夫で折れにくいのでこの木を「鎌」の柄にするからという．ズミは「酸実」，すなわち，この植物は酸っぱい実をつけることからこのようによばれるようになったとする説と，ガマズミにヨツドゾメという方言があり，この「ゾメ」は染めることからきたという説もある．漬物を紅く染めるのにガマズミの果実を用いる地方があり，長野県戸隠村（現在は長野市に編入）でよく行う「赤漬け」というのは，大根をセンゾ（千束突き）でついて，ヨツズミ（ガマズミ）を入れて漬けた漬物のことである．これは美しく染まって大変うまいという．また，日本人は昔からガマズミの枝を，何かを束ねるときに利用してきた．ネソ，ネッソ，ネリソの語は，薪や竹材などを結束する材料の枝とか樹皮などを指す言葉で，これに用いられる樹種はいろいろあるが，その代表的なものがマンサクとガマズミ類である．山仕事に手慣れた者は，ガマズミをあらかじめ見つけておいて，それをたくみに縒って縄をつくり，刈柴を手際よくまとめていく．人々は，生活の知恵として，その枝のやわらかくてしかも折れにくい特徴を見抜いていたのであろう．

［梶　幹男］

ガマズミ属

●1　ガマズミの花（東京都東京大学小石川植物園，梶幹男撮影）

●2　ムシカリの花（北海道富良野市東京大学演習林，梶幹男撮影）

●3　ムシカリの果実（北海道富良野市東京大学演習林，梶幹男撮影）

ニワトコ *Sambucus racemosa* subsp. *Sieboldiana*
―ニワトコ属　スイカズラ科

　ニワトコは，本州，以南に分布するスイカズラ科ニワトコ属の成長の早い落葉小高木で，明るい林や林縁部によくみられる．樹皮は灰黄色で亀裂し，厚さ約 5 mm ほどで，コルク層がやや発達する．幹や枝の髄は太い．若い枝葉にはクサギに似た軽い臭気がある．葉は対生し，奇数羽状複葉で 2〜4 対の小葉があり，小葉には鋸歯がある．5 月ごろ，円錐花序が新枝に頂生し，多数の小さい両性花をつける．果実は径約 4 mm の液果様の核果*で，初夏から夏に赤く熟して，美しい．

　春浅い時期にニワトコは最も芽立ちが早く，緑色の新芽を大きくふくらませて春の到来を告げる．ニワトコは開芽が他の樹木より一段と早いので，わが国では昔から「芽出たい木」としている．ニワトコは縁起のよい花材としても古くからなじみの深い植物である．薬用植物としても有名で，「接骨木」ともよばれ，材の黒焼きが骨折に効果があるという．半開時の花を干したものは「接骨木花」とよばれ，発汗，利尿剤とされる．枝のシンにある太い髄はきわめて軽くてやわらかいが，シャキッとしていて，これを「ピス（髄）」と称して，顕微鏡実験の際に植物切片をつくるのに用いる．また，この木を庭木や垣根に植えて春の訪れを知る目安としたほか，苗代草と称して枝葉を苗代にすきこみ，肥料にしていたことから，「田木」とも「田草」ともよんでいた．

［梶　幹男］

ニワトコ

●1 ニワトコの花（東京都東京大学小石川植物園，梶幹男撮影）

●2 エゾニワトコの果実（北海道南富良野町，梶幹男撮影）

マダケ属 イネ科

Phyllostachys
Bamboo

　樹木とは茎の二次組織が肥大成長をする植物と定義される．つまり毎年幹が太くなっていくものである．ところが，単子葉植物のタケ類やヤシ類に高さ10 mをこえる「木」が存在するが，これらの茎は不斉中心柱*という構造をもつので，二次組織は肥大成長をせず太くなることはない．したがって，これらは厳密な意味での樹木ではない．また「稈（かん）」とよばれるタケ類の茎は節間が中空で節に隔壁があり，双子葉植物の幹とは明らかに構造が異なる．ただし長い稈とその上に広げる葉をもつ形はふつうの樹木と同じであるので，広い意味での樹木として一般には認められている．

　イネ科マダケ属（bamboo）は約40種が中国を中心に分布しており，日本にはマダケ，ハチク，モウソウチクの3種が生育している．モウソウチクは中国から渡来したという記録が残されているが，マダケとハチクも日本にもともと自生していたのではなく，中国から渡来したという意見もある．マダケ属の大きな特徴のひとつは長い開花周期である．ふだんマダケ属は地下茎を伸ばして稈を増やしていくが，開花結実するのはまれである．マダケやハチクはおよそ120年に1度の開花と考えられている．一度開花・結実するとその稈や地下茎は枯れてしまうので，花をつけて秋に枯れる草本と基本的には同じ生活型ともいえる．

　なお，一般にタケ・ササ類は稈鞘（かんしょう）（タケの皮）のついている期間が数か月間のみで分岐や分枝しないものタケ類，長期間着いていて翌年に分岐・分岐するササ類とよんでいる．

●モウソウチク（*Phyllostachys heterocycla*）

　モウソウチク（water bamboo）は中国南部の原産で，江戸時代に日本に渡来したと考えられているが，すでに平安時代に渡来していたという説もある．モウソウチクの語源は，中国の三国時代に孟宗（もうそう）という人が母のために冬にタケノコを採ろうとして哀歎したところ，たちまちにしてタケノコが現れたという故事にちなむ．このように古くから地下茎から稈が伸び出す直前のタケノコは食用にされてきた．また，成長した稈は高さ20 mをこえるまでに成長し，軽くて丈夫な素材として建築材や農業資材，漁業資材などに用いられてきた．このため，人里周辺では広く栽培され，現在では北海道以南の広い地域で野生化している．しかし，現在では竹材としての利用が減り，管理されない竹林が増加したことで，モウソウチクが周辺に広がりつつある．モウソウチクは地下茎を伸ばして周囲に広がっていくので，隣接するスギ林やコナラ林に侵入した後，もともとあったスギやコナラよりも高く稈を伸ばして枯死させる場合もある．しかもモウソウチクは開花結実して枯死するまでおよそ70年かかるため，人が管理しないとその間他の植物は入りこむ余地がない．このため，林業としてだけではなく，環境保全の観点からも放置竹林の拡大は大きな問題となっている．

［勝木俊雄］

● 1　モウソウチクの根茎と「たけのこ」（勝木俊雄撮影）

● 2　モウソウチクの林内（勝木俊雄撮影）

キノコ 12

キヌガサタケ（*Dictyophora indusiata*）

　スッポンタケ科キヌガサタケ属．スッポンタケ科の祖先はヒステランギウム科やニカワショウロ科といった地中にボールのようなキノコをつくるグループである（Hosaka *et al.* 2006）．スッポンタケやキヌガサタケも幼菌は白いボール状だが，成熟すると柄を伸ばして地上に顔を出すように進化したものである．その柄は多くのキノコがもつ柄と由来が異なり，まったく異なるグループで同じ形態が生まれた平行進化の一例である．祖先にあたるヒステランギウム科は菌根菌*であり，腐生菌*であるスッポンタケ科の出現は，菌根菌から腐生菌への進化の一例とも考えられる．腐生菌から菌根菌への進化はまったく異なる菌の系統分類群で何度もおこったことが示されているが，その逆はめずらしい（Matheny *et al.* 2006）．

　キヌガサタケは，竹林で梅雨と秋の2回発生するキノコである．純白のレースをまとった美しい姿から「キノコの女王」ともよばれる．しかし，美人は短命なもので，発生から数時間のうちにしおれてしまう．キヌガサタケの頭の部分は臭い粘液状の胞子が満たされている．においに集まったハエなどが胞子を食べ，糞とともに排出することによって胞子が散布される（Tuno 1998）．このにおいは人間の食欲をそそるものではないが，頭の部分を取り去ることで，歯ざわりのよい高級食材となる．中国では人工栽培も行われるほど重用されている．

［奈良一秀］

● 1　キヌガサタケ（谷口雅仁氏撮影）

● 2　ウスキキヌガサタケ（佐々木廣海氏撮影）

用語解説

- **暗色雪腐病** 積雪下で発病する雪腐病の一つで、針葉樹稚樹の生残を困難にする病気.
- **遺存種** 残存種、かつては広く分布していたが現在は限られた狭い地域だけに生育している種.
- **核果** ウメなど硬い核をもち、その中に種子を収めている果実.
- **仮軸分枝** 主軸が側枝より勢いよく成長する単軸分枝に対して、側枝が主軸より勢いよく成長して受け継がれあたかも主軸のようになる分枝.
- **仮種皮** 種子の外側の種皮をさらにもう1枚の皮がつつんでいることがあり、仮種皮とよばれる.
- **環孔材** 直径の大きい道管が年輪界に沿って配列する広葉樹材.
- **灌木** 株立ち状の形状をとる低木.
- **基準属** 科の分類を決定する根拠となる属.
- **極相林** その地域の環境条件で長期間安定して成立する遷移の最終段階の森林.
- **菌根菌** 植物の根に菌類との共生体である菌根を形成する菌類.
- **クリ胴枯病** 樹木の世界三大流行病の一つで、ニホングリなどアジア産のクリは抵抗性.
- **古生代** 約5億4000万年～2億5000万年前で、古生代中頃になって植物のはたらきで大気中に酸素がふえた.
- **古第三紀** 新生代第三紀を二分した場合の前半（約6500万年～2300万年前）で、全世界的に温暖であった.
- **根萌芽** 根からシュートが出て生育すること.
- **根粒** マメ科植物の根に根粒菌が感染して形成されるこぶ状構造で、窒素固定が行われる. また、ヤマモモやハンノキの根にも放線菌によって根粒がつくられる.
- **散孔材** 道管が一様な大きさで年輪全体にほぼ均等に分布する広葉樹材.
- **子実体** 菌類の胞子を生じる組織の総称で、その大形のものがキノコ.
- **子嚢菌** 菌類最大のグループで、子嚢内に胞子を生ずる菌類.
- **従属栄養生物** 生命活動に必要なエネルギーを体外から取り入れた有機物に依存している生物で、独立栄養生物の対語.
- **樹冠** 樹木の枝や葉の茂っている部分.
- **樹脂道** 樹脂を分泌する細胞に囲まれた管状の細胞間隙.
- **シュート** 1本の枝とそこにつく葉をまとめた用語.
- **ジュラ紀** 中生代約2億年前から1億4000万年前で、植物ではイチョウ・ソテツなどの裸子植物が、動物では恐竜などの大型の爬虫類が栄えた.
- **傷害樹脂道** 形成層に傷害を受けた場合につくられる樹脂道.
- **照葉樹林文化** 中国雲南省を中心とする照葉樹林地域に共通する文化で、森林や山岳と結びついてわが国に影響を及ぼした文化.
- **新生代** 約6500万年前から現在までで、被子植物が栄え、熱帯林が形成された.
- **新第三紀** 新生代第三紀を二分した場合の後半（2300万年～260万年前）で、人類の祖先が出現した.
- **森林限界** 樹木集団である森林が成立する限界で、単木の分布限界（樹木限界）よりも高緯度・高標高.
- **森林更新** 森林の樹木が次世代の個体に交代（更新）すること.
- **先駆種** 先駆植物. 遷移の初期に出現する植物で、一般に陽樹で成長が速い.
- **側芽** シュートの先端に形成される頂芽以外のシュート側方に形成される芽.
- **袋果** タイサンボクなど、熟すと果皮が裂けて種子を露出する果実.

用語解説

- **第三紀周北極植物群** 温暖であった第三紀に北極を中心に同心円状に分布していた植物群で、寒冷化に伴ってその分布が南下あるいは孤立化した．
- **第四紀** 新生代の約260万年前から現在に至る時代で、氷期と比較的温暖な間氷期が繰り返され、最終氷期は約1万年前に終了した．
- **択伐林** 主伐や間伐の区別がなく、絶えず単木的に収穫する林．
- **担子菌** マツタケなどキノコ類のほとんどが含まれる菌類のグループ．
- **地衣類** ウメノキゴケ・サルオガセなど菌類と藻類の共生体．
- **中生代** 約2億5000万年〜6500万年前で、シダ植物にかわってイチョウなど裸子植物が繁茂した．
- **頂芽** シュートの先端に形成される芽．
- **天狗巣病** 遺伝的因子や病原体によって植物体内の植物ホルモンのバランスが変わり、茎葉がかたまって異常に多数発生する病気．
- **二次林** 植生が攪乱された後に成立した二次遷移の途中の森林で、原生林と人工林を除く森林．
- **ニレ立枯病** 樹木の世界三大流行病の一つで、オランダで発見されたことからDutch elm diseaseと名付けられた．
- **白亜紀** 中生代最後の約1億4000万年〜6500万年前までで、カシ・カエデなどの被子植物の森林が出現した．
- **ひこばえ** 孫生（ひこばえ）の意味で、地際部に出たシュート．
- **ヒノキ漏脂病** ヒノキやヒノキアスナロにみられ、樹幹から異常に樹脂が流れ出す病気．
- **腹菌類** ホコリタケなど胞子を形成する器が子実体内に形成される菌類の一群．
- **腐生菌** 菌類の栄養のとり方は腐生、寄生、共生に分けられ、腐生菌は生きている細胞以外の生物遺体などの有機物から栄養をとる菌類．
- **腐生植物** 光合成を行わず、有機物に栄養を依存する植物．
- **不斉中心柱** 単子葉類の茎にみられる中心柱で、多数の並立維管束が散在している．
- **ペルム紀** 古生代の約2億9000万年〜2億5000万年前で、イチョウなどの裸子植物が出現した．
- **帽菌類** 担子菌類のうち傘をもったキノコやサルノコシカケなどを含む一群．
- **放射孔材** 太い道管が放射方向に並んで配列する広葉樹材．
- **放線菌** 細菌の一群で、ハンノキなどの根に寄生して根粒を作り窒素固定を行うものもある．
- **榾木** シイタケを栽培するために、シイタケ菌をコナラなどの原木に接種したもの．
- **マツ材線虫病** マツノザイセンチュウによって引き起こされる樹木の世界的な流行病で、マツ枯れや松くい虫被害とよばれる．
- **有縁壁孔** 細胞壁にできる壁孔の一種で、針葉樹の仮道管で顕著で、広葉樹の道管では小さい．
- **翼果** モミジなど熟したときに乾燥していて散布に役立つ翼をもつ果実．
- **林冠** 森林の最上層（高木層）の樹冠が接して連続状態となったものをいい、樹木の枯死や風倒などで林冠が開けた部分をギャップという．
- **レフュジア** 避難地、生物にとって不適な気候変化による影響から逃れて生き残ることができた地域．

参考・引用文献

[総　論]
■日本の樹木と森林
　前川文夫：日本の植物区系，玉川大学出版部，1977
　只木良也：森と人間の文化史，日本放送出版協会，1988【新版 2010】

■汎針広混交林とその樹木
　川喜田二郎（今西錦司編）：大興安嶺探検，毎日新聞社，1952
　舘脇　操：北方林業 7-9，1955-1957
　渡邊定元ほか：北陸の植物 8，1960

■キノコ・菌類の系統分類
　Douzery EJP, Snell EA, Bapteste E *et al.*：*Proceedings of the National Academy of Sciences of the United States of America* 101，2004

■キノコと樹木の関係
　Ishida TA, Nara K, Hogetsu T：*New Phytologist* 174，2007
　Molina R, Massicotte H, Trappe JM (Allen MJ ed.)：Mycorrhizal Functioning, Chapman and Hall, 1992
　Smith SE, Read DJ：Mycorrhizal Symbiosis (3rd ed.), Academic Press, 2008

[各　論]
■スギ属・スギ
　後藤利幸・鈴木三男（青葉　高ほか編，塚本洋太郎総監修）：園芸植物大事典 3，小学館，1989
　林　弥栄：有用樹木図説林木編，誠文堂新光社，1969
　宮島　寛：九州のスギとヒノキ，九州大学出版会，1989
　大場秀章（朝日新聞社編）：朝日百科・植物の世界 9，朝日新聞社，1997
　鈴木三男（朝日新聞社編）：朝日百科・植物の世界 9，朝日新聞社，1997

■ヒノキ属・ヒノキ
　足田輝一（朝日新聞社編）：朝日百科・世界の植物 9，朝日新聞社，1978
　福原楢勝（松尾孝嶺監修）：植物遺伝資源集成 4，講談社サイエンティフィク，1989
　後藤利幸・鈴木三男（青葉　高ほか編，塚本洋太郎総監修）：園芸植物大事典 4，小学館，1989
　林　弥栄：有用樹木図説林木編，誠文堂新光社，1969
　大澤毅守（朝日新聞社編）：朝日百科・植物の世界 11，朝日新聞社，1997
　Wang WP *et al.*：*Plant Systematics and Evolution* 241，2003

■アスナロ属
　上原敬二：樹木大図説 1，有明書房，1961

■ヤマモモ属・ヤマモモ
　Coulter JM：*Mem. Torrey Bot. Club* 5，1894
　林　弥栄：有用樹木図説林木編，誠文堂新光社，1969
　北村文雄・水谷房雄（青葉　高ほか編，塚本洋太郎総監修）：園芸植物大事典 5，小学館，1989
　倉田　悟：原色日本林業樹木図鑑 1，地球出版，1964

参考・引用文献

倉田　悟（朝日新聞社編）：朝日百科・世界の植物 7，朝日新聞社，1978
大井次三郎：新日本植物誌（顕花編），至文堂，1983
上原敬二：樹木大図説 1，有明書房，1961
渡辺定元（朝日新聞社編）：朝日百科・植物の世界 8，朝日新聞社，1997

● マテバシイ（ブナ科マテバシイ属）
林　弥栄：有用樹木図説林木編，誠文堂新光社，1969
北村文雄（青葉　高ほか編，塚本洋太郎総監修）：園芸植物大事典 4，小学館，1989
北村四郎（朝日新聞社編）：朝日百科・世界の植物 7，朝日新聞社，1978
倉田　悟：原色日本林業樹木図鑑 1，地球出版，1964
上原敬二：樹木大図説 1，有明書房，1961

● アコウ（クワ科イチジク属）
熊本国府高校 PC 同好会：熊本弁 HP http://www.kumamotokokufu-h.ed.jp/kumamoto/hougen/index.html （2010.3.31）
前川文夫：植物入門，八坂書房，1995
種生物学会編：共進化の生態学－生物間相互作用が織りなす多様性，文一総合出版，2008
高橋秀男・勝山輝男監修，茂木　透写真：樹に咲く花，山と渓谷社，2000-2003
上原敬二：樹木大図説 1，有明書房，1961
Wikipedia：アコウ・ガジュマル http://ja.wikipedia.org/wiki/

● ヤマグワ（クワ科クワ属）
堀田　満ほか編：世界有用植物事典，平凡社，1989
上原敬二：樹木大図説 1，有明書房，1961
柳田國男：遠野物語，1910

■ モクレン属
堀田　満ほか編：世界有用植物事典，平凡社，1989
森　雄材：中医学版家庭の医学，法研，1996
上原敬二：樹木大図説 1，有明書房，1961

■ ゲッケイジュ属・ゲッケイジュ
加藤憲市（青葉　高ほか編，塚本洋太郎総監修）：園芸植物大事典 2，小学館，1988
籾山泰一・木島正夫・足田輝一（朝日新聞社編）：朝日百科・世界の植物 7，朝日新聞社，1997
緒方　健（朝日新聞社編）：朝日百科・植物の世界 9，朝日新聞社，1978
上原敬二：樹木大図説 1，有明書房，1961

■ カゴノキ属・カゴノキ
林　弥栄：有用樹木図説林木編，誠文堂新光社，1969
倉田　悟：原色日本林業樹木図鑑 1，地球出版，1964
倉田　悟（朝日新聞社編）：朝日百科・世界の植物 7，朝日新聞社，1978
永益英敏・バイテロ J.（朝日新聞社編）：朝日百科・植物の世界 9，朝日新聞社，1997

■ ツバキ属
山口　聡（朝日新聞社編）：朝日百科・植物の世界 7，朝日新聞社，1997
箱田直紀：園芸文化 3，2006
林　弥栄：有用樹木図説林木編，誠文堂新光社，1969
本田正次（朝日新聞社編）：朝日百科・世界の植物 6，朝日新聞社，1978
堀田　満（朝日新聞社編）：朝日百科・植物の世界 7，朝日新聞社，1997
石沢　進（朝日新聞社編）：朝日百科・植物の世界 7，朝日新聞社，1997
倉田　悟：原色日本林業樹木図鑑 1，地球出版，1964

田村輝夫・萩屋　薫・箱田直紀（青葉　高ほか編，塚本洋太郎総監修）：園芸植物大事典 3，小学館，1989
津山　尚（朝日新聞社編）：朝日百科・世界の植物 6，朝日新聞社，1978

■ナツツバキ属
八田洋章（朝日新聞社編）：朝日百科・植物の世界 7，朝日新聞社，1997
林　弥栄：有用樹木図説林木編，誠文堂新光社，1969
倉田　悟（朝日新聞社編）：朝日百科・世界の植物 6，朝日新聞社，1978
遠藤融郎（青葉　高ほか編，塚本洋太郎総監修）：園芸植物大事典 3，小学館，1989
倉田　悟：原色日本林業樹木図鑑 1，地球出版，1964
倉田　悟：原色日本林業樹木図鑑 2，地球社，1968
倉田　悟：原色日本林業樹木図鑑 3，地球社，1971

●サカキ（ツバキ科サカキ属）
林　弥栄：有用樹木図説林木編，誠文堂新光社，1969
倉田　悟（朝日新聞社編）：朝日百科・世界の植物 6，朝日新聞社，1978
永益英敏（朝日新聞社編）：朝日百科・植物の世界 7，朝日新聞社，1997
副島顕子（朝日新聞社編）：朝日百科・植物の世界 7，朝日新聞社，1997
千葉徳爾（青葉 高ほか編，塚本洋太郎総監修）：園芸植物大事典 2，小学館，1988

■ハリエンジュ属・ハリエンジュ
林　弥栄：有用樹木図説林木編，誠文堂新光社，1969
北村文雄（青葉　高ほか編，塚本洋太郎総監修）：園芸植物大事典 4，小学館，1989
前川文夫：植物入門，八坂書房，1995
大橋広好（朝日新聞社編）：朝日百科・世界の植物 5，朝日新聞社，1978
大橋広好（朝日新聞社編）：朝日百科・世界の植物 5，朝日新聞社，1997
高橋幸男（松尾孝嶺監修）：植物遺伝資源集成 4，講談社，1989
塚本洋太郎（朝日新聞社編）：朝日百科・世界の植物 5，朝日新聞社，1978

●イタヤカエデ（カエデ科カエデ属）
堀田　満ほか：世界有用植物事典，平凡社，1989
前川文夫：植物入門，八坂書房，1995
武田久吉：民俗と植物，講談社文庫，1999
上原敬二：樹木大図説 2，有明書房，1961

●ツタ（ブドウ科ツタ属）
青山学院ホームページ：http://www.aoyamagakuin.jp/news/2007/gakuin/0322/0322.html
上原敬二：樹木大図説 2，有明書房，1961

■ユーカリ属・ユーカリノキ
ブリッグス，B.（朝日新聞社編）：朝日百科・植物の世界 4，朝日新聞社，1997
菊池多賀夫（朝日新聞社編）：朝日百科・植物の世界 5，朝日新聞社，1997
小山修三（朝日新聞社編）：朝日百科・植物の世界 4，朝日新聞社，1997
難波恒雄（青葉　高ほか編，塚本洋太郎総監修）：園芸植物大事典 5，小学館，1989
大井次三郎（朝日新聞社編）：朝日百科・世界の植物 3，朝日新聞社，1978
林　弥栄：有用樹木図説林木編，誠文堂新光社，1969
石井克明（松尾孝嶺監修）：植物遺伝資源集成 4，講談社，1989
上原敬二：樹木大図説 3，有明書房，1961

■オヒルギ属・オヒルギ
初島住彦（朝日新聞社編）：朝日百科・世界の植物 3，朝日新聞社，1978
九島宏道（松尾孝嶺監修）：植物遺伝資源集成 4，講談社，1989
Marco HF：*Trop. Woods* **44**，1935

瀬戸口浩彰（朝日新聞社編）：朝日百科・植物の世界 4，朝日新聞社，1997
上原敬二：樹木大図説 3，有明書房，1961

● エゴノキ（エゴノキ科エゴノキ属）
深津　正・小林義雄：木の名の由来，東京書籍，1985
林　弥栄：有用樹木図説林木編，誠文堂新光社，1969
倉田　悟（朝日新聞社編）：朝日百科・世界の植物 2，朝日新聞社，1978
村上智美・林田光祐・荻山紘一：日林誌 88，2006
中村恒雄（青葉　高ほか編，塚本洋太郎総監修）：園芸植物大事典 1，小学館，1988
副島顕子（朝日新聞社編）：朝日百科・植物の世界 6，朝日新聞社，1997

■ キノコ
● ハナイグチ
Binder M, Hibbett DS：*Mycologia* 98, 2006
Zhou ZH, Miwa M, Hogetsu T：*Journal of Plant Research* 113, 2000
● ショウロ
Ashkannejhad S, Horton TR：*New Phytologist* 169：2006
Baar J, Horton TR, Kretzer AM *et al.*：*New Phytologist* 143, 1999
Binder M, Hibbett DS：*Mycologia* 98, 2006
● キツネタケ
Kropp BR, Mueller GM (Cairney JWG, Chambers SM eds.)：Ectomycorrhizal Fungi：Key Genera in Profile, Springer-Verlag, 1999
Nara K, Nakaya H, Hogetsu T：*New Phytologist* 158, 2003
● ベニテングタケ
Geml J, Laursen GA, O'Neill K *et al.*：*Molecular Ecology* 15, 2006
Oda T, Tanaka C, Tsuda M：*Mycological Research* 108, 2004
Orlovich DA, Cairney JWG：*New Zealand Journal of Botany* 42, 2004
Satora L, Pach D, Butryn B *et al.*：*Toxicon* 45, 2005
● チチタケ
Miller SL, Larsson E, Larsson KH *et al.*：*Mycologia* 98, 2006
佐藤匡史・高柳直人・三友宏志ほか：マテリアルライフ学会研究発表会・特別講演会予稿集 16，2005
● グロムス類
Redecker D, Raab P：*Mycologia* 98, 2006
Redecker D, Raab P, Oehl F *et al.*：*Mycological Progress* 6, 2007
Remy W, Taylor TN, Hass H *et al.*：*Proceedings of the National Academy of Sciences of the United States of America* 91, 1994
● ハルシメジ類
小林久泰：筑波大学博士論文第 2111 号，2005
● コツブタケ類
Martin F, Diez J, Dell B *et al.*：*New Phytologist* 153, 2002
● キヌガサタケ
Hosaka K, Bates ST, Beever RE *et al.*：*Mycologia* 98, 2006
Matheny PB, Curtis JM, Hofstetter V *et al.*：*Mycologia* 98, 2006
Tuno N：*Ecological Research* 13, 1998

索 引

●ア
アカシデ 74
アカバナヒルギ 168
アカマツ 28
アカメガシワ 148
亜寒帯林 4
アキニレ 99
アケボノスギ 39
アコウ 102
亜高山帯針葉樹林 4
アコギ 102
アスナロ 50
アスナロ属 50
暖かさの指数 2
アテツマンサク 134
亜熱帯林 2, 5
アーバスキュラー菌根菌 117
甘葛 159
アメリカネズコ 48
アララギ 54
暗色雪腐病 34, 190

●イ
イイギリ 161
遺存種 2, 190
イタヤカエデ 153
イチイ 54
イチイ属 54
イチジク属 101
イチョウ 18
イチョウ科 18
イチョウ綱 18
イチョウ属 18
イチョウ目 18
イッポンシメジ属 142
イヌグス 116
イヌブナ 80
イヌマキ 53
イブキ 48
イボセイヨウショウロ 86
イロハモミジ 152

●ウ
ウダイカンバ 72
ウツギ 135
ウツギ属 135
ウバメガシ 90
馬栗 156
ウメ 140
ウラジロエノキ 97
ウラジロモミ 30
ウラスギ 40
ウルシ 151

ウルシオール 151
ウルシ属 151

●エ
柄 14
エゴノキ 176
エゾザクラ 72
エゾマツ 34
エノキ 100

●オ
黄檗 149
オオシマザクラ 140
オオシロアリタケ 105
オオモミジ 153
オニグルミ 58
オニマタタビ 126
オヒョウ 99
オヒルギ 168
オヒルギ属 168
オマツ（雄松） 28
オモテスギ 40
オンコ 54

●カ
科 7
貝塚伊吹 50
貝原益軒 7
カエデ科 152
カエデ属 152
核果 158, 190
殻斗 76
学名 7
カゴノキ 119
傘 14
仮軸分枝 190
カシワ 87
カツラ 124
カツラ属 124
カバノキ科 67
カバノキ属 70
ガマズミ 184
ガマズミ属 184
カヤ 55
カヤ属 54
カラマツ 26
カラマツ先枯病 26
カラマツ属 22
仮種皮 54, 190
カワグルミ 60
寒温帯林 4
環孔材 88, 190
元祖アテ 50
ガンピ 74

カンファー（樟脳） 112
灌木 190

●キ
キウイフルーツ 126
基準属 190
キツネタケ 66
キヌガサタケ 189
キノコ 10
キハダ 149
キャラボク 54
球果植物 21
極相林 4, 32, 36, 190
キリ 182
キリ属 182
キリ天狗巣病 183
菌根菌 12, 24, 68, 71, 83, 86, 117, 167, 174, 189, 190
菌糸 10
菌糸体 10, 14
銀杏（ギンナン） 20

●ク
グイマツ 22
クスダモ 116
クスノキ 114
クスノキ科 112
クヌギ 84
クマシデ属 74
久米島紬 56
グラントヒノキ 46
クリ 90
クリ属 90
クリ胴枯病 92, 190
クルミ属 58
クロトリュフ 86
クロブナ 80
クロベ 48
クロマツ 28
黒松内低地帯 4
グロムス類 117
グロメロ菌類 117
クワ科 101

●ケ
ゲッケイジュ 118
月桂油 118
ケヤキ 98
ケヤキ属 98
堅果 76
憲法染め 56

●コ
硬質菌 14
甲付材 40

索 引

コウヤマキ 42
コウヤマキ属 42
硬葉樹林 6
コジイ 92
コツブタケ類 167
コナラ 84
コナラ属 82
コブガシ 116
コブシ 109
ゴマギ 184
コヤス 176
コヤスノキ 176
ゴヨウマツ 28
五葉松類 28
根萌芽 190
根粒 68, 144, 190

● サ
サカキ 130
サクラ属 138
サクラヒ 46
サザンカ 128
雑カバ 72
サポニン 156, 176
サラノキ 130
サリチル酸 64
サルナシ 126
サワグルミ 60
サワグルミ属 60
サワラ 48
散孔材 72, 170, 190
サンゴジュ 184
山地帯落葉広葉樹林 2
山地帯林 5

● シ
シイノキ属 92
シオジ 178
子実体 14, 66, 190
『自然の体系』 7
シダレカツラ 125
シダレヤナギ 64
シナサルナシ 126
シナノキ 160
シナノキ属 160
シナモン（桂皮） 112
子嚢菌 10, 190
縞枯れ現象 32
シャラノキ 130
種 7
従属栄養生物 190
就眠運動 144
樹冠 190
樹脂道 21, 190
シュート 190
樹皮 8
樹木 8
傷害樹脂道 21, 52, 190
縄文杉 40
ショウユノキ 124
照葉樹林 2, 5

照葉樹林文化 190
ショウロ 25
植物区系区 2
『植物の種』 7
植物の分類 7
シラカバ 74
シラカンバ 74
シラカンバ花粉症 74
シラビソ（シラベ） 32
シロザクラ 74
シロトリュフ 86
シロブナ 80
針葉樹 21
森林限界 4, 190
森林更新 190
森林帯 2

● ス
スギ 40
スギ科 39
スギ属 40
スズカケノキ属 132
スダジイ 94
ストローブ亜属 26

● セ
精子 18
セイヨウイチイ 54
セイヨウグルミ 58
セイヨウシナノキ 160
セイヨウハコヤナギ 62
セイヨウヤドリギ 106
接骨木 186
先駆種 4, 190

● ソ
属 7
側芽 190
ソバグリ 80
ソメイヨシノ 138

● タ
袋果 120, 190
第三紀周北極植物群 61, 76, 108, 124, 190
タイサンボク 110
択伐林 191
ダグラスファー 36
ダケカンバ 70
谷桑 122
タブノキ 116
タブノキ属 116
ダフリアカラマツ 22
タムシバ 109
タモ 116
タモ材 178
タモノキ 116
ダラスケ 149
ダラニスケ（陀羅尼助） 149
単維管束亜属 26
暖温帯 2
暖温帯林 5
担子菌 10, 191

暖帯 2

● チ
地衣類 191
チシャノキ 176
チチタケ 83
チャノキ 128
チャボガヤ 55
頂芽 191
チョウセンゴヨウ 28

● ツ
ツガ 36
ツガ属 36
ツタ 158
ツツジ属 174
ツバキ 128
ツバキ属 128
ツブラジイ 92

● テ
天狗巣病 52, 191
テングノハウチワ 172

● ト
トウヒ 34
トウヒ属 32
トガサワラ 38
トガサワラ属 36
ドクウツギ 150
ドクウツギ属 150
トチノキ 156
トチノキ属 156
トドマツ 32
トネリコ属 178
鳶八丈 56
トリュフ 86

● ナ
ナガバノヤマグルマ 120
ナツヅタ 159
ナツツバキ属 129
ナツボダイジュ 160
ナナカマド 140
ナラタケ 45
ナラタケ属 45
ナラ類集団枯損 88
ナンキンガシ 90
ナンゴウヒ 46
軟質菌 14
ナンテンギリ 161

● ニ
ニオイコブシ 109
二次林 74, 191
ニセアカシア 146
ニッケイ属 114
二命名法 7
二葉松類 28
ニレ科 97
ニレケヤキ 100
ニレ属 98
ニレ立枯病 97, 100, 191
ニワトコ 186

197

●ネ
ネコヤナギ 64
ネズコ 48
ネズコ属 48
ネムノキ 144
●ノ
ノリウツギ 135
●ハ
葉 8
ハイマツ 28
ハシドイ 179
ハシドイ属 178
ハゼノキ 151
ハナイグチ 24
ハナミズキ 170
バラ科 136
ハリエンジュ 146
ハリエンジュ属 146
ハリギリ 172
ハリギリ属 172
ハルシメジ類 142
ハルニレ 99
汎針広混交林 4
汎針広混交林帯 2
ハンノキ属 68
●ヒ
ひこばえ 124, 191
ヒサカキ 131
ヒトツバタゴ 180
ヒノキ 46
ヒノキアスナロ 50
ヒノキ科 44
ヒノキ属 44
ヒノキチオール 48
ヒノキ漏脂病 52, 191
ヒバ 50
ヒメシャラ 130
ビャクシン 48
ヒロハノカツラ 124
檜皮葺 46
備長炭 90
●フ
複維管束亜属 26
腹菌類 25, 191
フサザクラ 122
藤グルミ 60
腐生菌 12, 45, 105, 191
腐生植物 106, 191
不斉中心性 188, 191
普通名 7
ブナ 78
ブナ科 76
ブナ属 78
フユボダイジュ 160
プラタナス 132
フロラ（植物相）の滝 4
●ヘ
米杉 48
ベイツガ（米栂） 36

ベイヒ（米檜） 44
ベイリーフ 118
ベニテングタケ 71
ペルシャグルミ 58
ベルベリン 149
●ホ
帽菌類 25, 191
放射孔材 191
放線菌 56, 67, 68, 191
ホオノキ 108
ボダイジュ（菩提樹） 160
榾木 76, 84, 94, 191
北方林 4
ポプラ 62
ホンピ 46
●マ
マカバ 72
マキ属 53
マダケ属 188
マタタビ 126
マツ亜属 26
マツ科 21
マツ材線虫病 21, 28, 191
マツ属 26
マテバシイ 94
マルバマンサク 134
マロニエ 156
マングローブ 6, 168
マンサク 134
●ミ
ミズキ 170
ミズキ属 170
ミズナラ 88
ミツバツツジ 174
三宅丹後 56
ミヤママタタビ 126
●ム
ムクエノキ 97
ムクノキ 97
ムシカリ 184
ムニンイヌグス 116
ムラサキシキブ 181
ムラサキハシドイ 178
●メ
メタセコイア 39
メマツ（雌松） 28
●モ
モウソウチク 188
木本植物 8
モクレン属 108
黐 158
モチノキ 158
モミ 30
モミジ 153
モミジバスズカケノキ 132
モミ属 30
モモ 140
●ヤ
ヤクシマツバキ 128

屋久杉 40
ヤシャブシ 68
ヤシャブシ花粉症 69
ヤチダモ 178
ヤドリギ 106
ヤナギ科 61
ヤナギ属 64
ヤマナラシ属 62
ヤブツバキ 128
ヤマグルマ 120
ヤマグルマ属 120
ヤマグワ 102
ヤマザクラ 138
『大和本草』 7
ヤマナラシ 62
ヤマボウシ 170
ヤマモミジ 153
ヤマモモ 56
楊梅酒 56
ヤマモモ属 56
●ユ
有縁壁孔 191
ユーカリ属 164
ユーカリノキ 164
ユキツバキ 128
ユリノキ 110
●ヨ
楊梅皮 56
翼果 191
吉岡染め 56
ヨーロッパカラマツ 22
ヨーロッパシラカンバ 70
●ラ
ライラック 178
羅漢槇 53
●リ
リュウキュウハゼ 151
リュウキュウマツ 28
林冠 191
リンネ 7
●レ
冷温帯 2
冷温帯夏緑樹林 5
冷温帯落葉広葉樹林 5
冷温帯林 5
レフュジア 2, 191
●ロ
ローソンヒノキ 44, 46
ローレル（ローリエ） 118
●ワ
和名 7

索 引

● A
Abies 30
Abies firma 30
Abies sachalinensis 32
Abies veitchii 32
Acer 152
Acer amoenum 153
Acer amoenum var. *matsumurae* 153
Acer mono 153
Acer palmatum 152
Aceraceae 152
Actinidia arguta 126
Actinidia chinensis 126
Actinidia kolomikta 126
Actinidia polygama 126
Actinodaphne lancifolia 119
Aesculus 156
Aesculus turbinata 156
Albizzia julibrissin 144
alder 68
Alnus 68
Alnus firma 68
Amanita muscaria 71
arbor-vitae 48
Armillaria 45
Armillaria mellea sensu lato 45
ash 178

● B
bamboo 188
beech 76, 78
Betula 70
Betula ermanii 70
Betula maximowicziana 72
Betula platyphylla 74
Betulaceae 67
birch 67, 70
blue gum 164
boreal forest 4
bruguiera 168
Bruguiera 168
Bruguiera gymnorrhiza 168

● C
Callicarpa japonica 181
camellia 128
Camellia 128
Camellia japonica 128
Camellia japonica var. *decumbens* 128
Camellia japonica var. *macrocarpa* 128
Camellia sasanqua 128
Camellia sinensis 128
cap 14
Carpinus 74
Carpinus laxiflora 74
Castanea 90
Castanea crenata 90
Castanopsis 92
Castanopsis cuspidata 94
Caucasian elm 98
Celtis sinensis 100

Cercidiphyllum 124
Cercidiphyllum japonicum 124
Cercidiphyllum magnificum 124
Chamaecyparis 44
Chamaecyparis lawsoniana 44, 46
Chamaecyparis obtusa 46
Chamaecyparis pisifera 48
cherry 138
chestnut 90
chinquapin 92
Chionanthus retusa 180
Cinnamomum 114
Cinnamomum camphora 114
cinnamon 114
Cleyera japonica 130
cold-temperate forest 4
common name 7
cool-temperate zone 2
Coriaria 150
Coriaria japonica 150
cork tree 149
Cornus 170
Cornus controversa 170
Cornus florida 170
Cornus kousa 170
cryptomeria 40
Cryptomeria 40
Cryptomeria japonica 40
Cupressaceaee 44
cypress 44

● D
dawn redwood 39
deutzia 135
Deutzia 135
Deutzia crenata 135
Dictyophora indusiata 189
Douglas fir 36

● E
elm 97, 98
empress tree 182
English yew 54
Entoloma clypeatum sensu lato 142
eucalypt 164
Eucalyptus 164
Eucalyptus globulus 164
Euptelea polyandra 122
Eurya japonica 131

● F
Fagaceae 76
Fagus 78
Fagus crenata 78
Fagus japonica 80
false cypress 44
family 7
Ficus 101
Ficus sperba var. *japonica* 102
fig 101
fir 30
Fraxinus 178

Fraxinus platypoda 178
fruit body 14

● G
genus 7
Ginkgo 18
Ginkgo biloba 18
Ginkgoaceae 18
Ginkgoales 18
Ginkgopsida 18
Glomeromycota 117
Glomus spp. 117

● H
hackberry 100
Hamamelis japonica 134
Hamamelis japonica var. *bitchuensis* 134
Hamamelis japonica var. *obtusata* 134
hemlock 36
hiba arbor-vitae 50
hornbeam 74
horse chestnut 156
Hydrangea paniculata 135

● I
Idesia polycarpa 161
Ilex integra 158

● J
Japanese larch 26
Japanese red ceder 40
Japanese umbrella pine 42
Juglans 58
Juglans ailanthifolia 58
Juniperus chinensis 48

● K
kalopanax 172
Kalopanax 172
Kalopanax septemlobus 172
katsura tree 124
keaki 98

● L
Laccaria laccata 66
lacquer tree 151
Lactarius volemus 83
larch 22
Larix 22
Larix decidua 22
Larix gmelinii var. *japonica* 22
Larix kaempferi 26
Lauraceae 112
laurel 112
laurel forest 2, 5
Laurus nobilis 118
lilac 178
linden 160
Liriodendron tulipifera 110
Lithocarpus edulis 94
locust 146
lucidophyllus forest 2

● M
machilus 116
Machilus 116

199

Machilus thunbergii 116
Magnolia 108
Magnolia grandiflora 110
Magnolia hypoleuca 108
Magnolia praecocissima 109
Magnolia salicifolia 109
Mallotus japonicus 148
maple 152
Morus bombycis 102
mycelium 14
Myrica 56
Myrica rubra 56

● O
oak 82

● P
pan-mixed forest zone 2
Parthenocissus tricuspidata 158
Paulownia 182
Paulownia tomentosa 182
Phellodendron amurense 149
Phyllostachys 188
Phyllostachys heterocycla 188
Picea 32
Picea jezoensis 34
Picea jezoensis var. *hondoensis* 34
Pinaceae 21
pine 21, 26
Pinus 26
Pinus densiflora 28
Pinus koraiensis 28
Pinus luchuensis 28
Pinus parviflora 28
Pinus pumila 28
Pinus subg. *Diploxylon* 26
Pinus subg. *Haploxylon* 26
Pinus subg. *Pinus* 26
Pinus subg. *Strobus* 28
Pinus thunbergii 28
Pisolithus spp. 167
Platanus 132
Platanus×*acerifolia* 132
podocarp 53
Podocarpus 53
Podocarpus macrophyllus 53
poplar 62
Populus 62
Populus sieboldii 62
Prunus 138
Prunus jamasakura 138
Prunus mume 140
Prunus persica 140
Prunus speciosa 140
Prunus×*yedoensis* 138
Pseudotsuga 36
Pseudotsuga japonica 38
Pterocarya 60
Pterocarya rhoifolia 60

● Q
Quercus 82

Quercus acutissima 84
Quercus crispula 88
Quercus dentata 87
Quercus phillyraeoides 90
Quercus serrata 84

● R
redwood 39
Rhizopogon rubescens 25
rhododendron 174
Rhododendron 174
Rhododendron dilatatum 174
Rhus 151
Rhus succedanea 151
Robinia 146
Robinia pseudoacacia 146
rose 136

● S
Salicaceae 61
salicylic acid 64
Salix 64
Salix babylonica 64
Sambucus racemosa subsp. *sieboldiana* 186
Sciadopitys 42
Sciadopitys verticillata 42
scientific name 7
sclerophyllous forest 6
silver bell 176
snow bell 176
'Somei-yoshino' 138
Sorbus commixta 140
species 7
"Species Plantarum" 7
spruce 32
stalk 14
stewartia 129
Stewartia 129
Stewartia monadelpha 130
Styrax japonicus 176
subtropical forest 2
Suillus grevillei 24
sumac 151
sycamore 132
Syringa 178
Syringa reticulata 179
Syringa vulgaris 178
"Systema Naturae" 7

● T
taxine 54
Taxodiaceae 39
Taxus 54
Taxus cuspidata 54
Taxus cuspidata var. *nana* 54
Termitomyces eurhizus 105
Thuja 48
Thuja standishii 48
Thujopsis 50
Thujopsis dolabrata 50
Thujopsis dolabrata var. *hondai* 50
Tilia 160

Tilia japonica 160
Tilia miqueliana 160
torreya 54
Torreya 54
Torreya nucifera 55
Torreya nucifera var. *radicans* 55
trochodendron 120
Trochodendron 120
Trochodendron aralioides 120
Trochodendron aralioides f. *longifolium* 120
Tsuga 36
Tsuga sieboldii 36
Tuber indicum 86
Tuber magnatum 86
Tuber melanosporum 86

● U
Ulmaceae 97
Ulmus 98
Ulmus davidiana var. *japonica* 99
Ulmus laciniata 99
Ulmus parvifolia 99

● V
Viburunum 184
Viburunum dilatatum 184
Viscum album 106
Viscum album var. *album* 106

● W
walnut 58
warm-temperate zone 2
water bamboo 188
wax myrtle 56
wax tree 151
western red cedar 48
WI 2
willow 61, 64
wingnut 60
woody plant 8

● Y
yew 54

● Z
zelkova 98
Zelkova 98
Zelkova serrata 98

編著者略歴

鈴木 和夫（すず き かず お）
1944年　茨城県に生まれる
1973年　東京大学大学院農学系
　　　　研究科博士課程修了
現　在　前 森林総合研究所理事長
　　　　東京大学名誉教授
　　　　農学博士

福田 健二（ふく だ けん じ）
1964年　東京都に生まれる
1988年　東京大学大学院農学系
　　　　研究科修士課程修了
現　在　東京大学大学院新領域
　　　　創成科学研究科教授
　　　　博士（農学）

図説　日本の樹木　　　　　　　　　　　定価はカバーに表示

2012年4月5日　初版第1刷
2021年10月20日　　第3刷

編著者　鈴　木　和　夫
　　　　福　田　健　二
発行者　朝　倉　誠　造
発行所　株式会社　朝倉書店
　　　　東京都新宿区新小川町 6-29
　　　　郵便番号　162-8707
　　　　電　話　03(3260)0141
　　　　FAX　03(3260)0180
　　　　https://www.asakura.co.jp

〈検印省略〉

© 2012 〈無断複写・転載を禁ず〉　　　印刷・製本　ウイル・コーポレーション

ISBN 978-4-254-17149-5　C 3045　　　　Printed in Japan

JCOPY　〈出版者著作権管理機構 委託出版物〉

本書の無断複写は著作権法上での例外を除き禁じられています．複写される場合は，そのつど事前に，出版者著作権管理機構（電話 03-5244-5088, FAX 03-5244-5089, e-mail: info@jcopy.or.jp）の許諾を得てください．

森林総合研究所編

森林大百科事典

47046-8 C3561　　　B5判 644頁 本体25000円

世界有数の森林国であるわが国は，古くから森の恵みを受けてきた。本書は森林がもつ数多くの重要な機能を解明するとともに，その機能をより高める手法，林業経営の方策，木材の有効利用性など，森林に関するすべてを網羅した事典である。〔内容〕森林の成り立ち／水と土の保全／森林と気象／森林における微生物の働き／野生動物の保全と共存／樹木のバイオテクノロジー／きのことその有効利用／森林の造成／林業経営と木材需給／木材の性質／森林バイオマスの利用／他

東京農工大学農学部　森林・林業実務必携編集委員会編

森林・林業実務必携（第2版）

47057-4 C3061　　　B6判 504頁 本体8000円

公務員試験の受験参考書，林業現場技術者の実務書として好評のテキストの改訂版。高度化・広範化した林業実務に必要な技術・知識を，基礎的な内容とともに拡充。〔内容〕森林生態／森林土壌／材木育種／育林／特用林産／森林保護／野生鳥獣管理／森林水文／山地防災と流域保全／測量／森林計測／生産システム／基盤整備／林業機械／林産業と木材流通／森林経営／森林法律／森林政策／森林風致／造園／木材の性質／加工／改質・塗装・接着／資源材料／保存／化学的利用

元東農大 上原敬二著

樹木ガイドブック

47048-2 C3061　　　四六変判 504頁 本体1800円

さまざまな樹木をイラスト付きで詳説。全90科430種の形態・産地・適地・生長・用途などを，各1ページにまとめて記載。特に形態の項では樹形・葉・花・実について詳述。野外での調べものに最適。1962年初版の新装版。

前農工大 福嶋　司編

図説 日本の植生（第2版）

17163-1 C3045　　　B5判 196頁 本体4800円

生態と分布を軸に，日本の植生の全体像を平易に図説化。植物生態学の基礎を身につけるのに必携の書。〔内容〕日本の植生概観／日本の植生分布の特殊性／照葉樹林／マツ林／落葉広葉樹林／水田雑草群落／釧路湿原／島の多様性／季節風／他

前東大 大澤雅彦監訳
世界自然環境大百科6

亜熱帯・暖温帯多雨林

18516-4 C3340　　　A4変判 436頁 本体28000円

日本の気候にも近い世界の温帯多雨林地域のバイオーム，土壌などを紹介し，動植物の生活などをカラー図版で解説。そして世界各地における人間の定住，動植物資源の利用を管理や環境問題をからめながら保護区と生物圏保存地域までを詳述。

元農工大 奥富　清監訳
世界自然環境大百科7

温帯落葉樹林

18517-1 C3340　　　A4変判 456頁 本体28000円

世界に分布する落葉樹林の温暖な環境，気候・植物・動物・河川や湖沼の生命などについてカラー図版を用いて解説。またヨーロッパ大陸の人類集団を中心に紹介しながら動植物との関わりや環境問題，生物圏保存地域などについて詳述。

東大 丹下　健・北大 小池孝良編

造林学（第四版）

47051-2 C3061　　　A5判 192頁 本体3400円

好評テキスト「造林学（三訂版）」の後継本。〔内容〕樹木の成長特性／生態系機能／物質生産／植生分布／森林構造／森林土壌／物理的環境／生物的要因／環境変動と樹木成長／森林更新／林木育種・保育／造林技術／熱帯荒廃地／環境造林

神戸大 黒田慶子・日大 太田祐子・森林総研 佐橋憲生編

森林病理学
——森林保全から公園管理まで——

47056-7 C3061　　　B5判 216頁 本体4500円

樹木および森林に対する病理を解説。〔内容〕樹木の病気と病原／病原微生物／診断／樹木組織の機能と防御機能／主要な樹木病害の発生生態と特徴／予防および防除の考え方と実際／森林の健康管理／グローバル化と老齢化・大木化の課題

前森林総研 鈴木和夫編著

樹木医学

47028-4 C3061　　　A5判 336頁 本体6800円

環境保全の立場からニーズが増している"樹木医"のための標準的教科書。〔内容〕森林・樹木の生い立ち／世界的樹木の流行病／樹木の形態と機能／樹木の生育環境／樹木医学の基礎（樹木の虫害，樹木の外科手術，他）／病害虫の管理とその保全

東京大学農学部 福田健二編

樹木医学入門

47059-8 C3061　　　A5判 224頁 本体3800円

植物学や林学を学ぶ学生の入門書であり，かつ現役樹木医・教員が座右に置いておくべき書物〔内容〕分類と学名／構造と生理／気象環境／土壌環境／微生物／菌類の生態と分類／病害／虫害／防御反応／腐朽／診断／管理と法令，樹木医制度

上記価格（税別）は 2021 年 9 月現在